Rotes Heft 88

Dekontamination

von
Oberstleutnant (Dipl.-Chem.) Dr. Andreas Kühar
Defensie CBRN Centrum der Niederlande

2., überarbeitete Auflage

Verlag W. Kohlhammer

Dieses Werk einschließlich aller seiner Teile ist urheberrechtlich geschützt. Jede Verwendung außerhalb der engen Grenzen des Urheberrechts ist ohne Zustimmung des Verlags unzulässig und strafbar. Das gilt insbesondere für Vervielfältigungen, Übersetzungen, Mikroverfilmungen und für die Einspeicherung und Verarbeitung in elektronischen Systemen.

Die Wiedergabe von Warenbezeichnungen, Handelsnamen und sonstigen Kennzeichen in diesem Buch berechtigt nicht zu der Annahme, dass diese von jedermann frei benutzt werden dürfen. Vielmehr kann es sich auch dann um eingetragene Warenzeichen oder sonstige geschützte Kennzeichen handeln, wenn sie nicht eigens als solche gekennzeichnet sind.

Die Abbildungen stammen – sofern nicht anders angegeben – vom Autor.

2., überarbeitete Auflage 2021

Alle Rechte vorbehalten
© 2007/2021 W. Kohlhammer GmbH, Stuttgart
Gesamtherstellung: W. Kohlhammer GmbH, Stuttgart

Print: ISBN 978-3-17-034873-8

E-Book-Formate:
pdf: ISBN 978-3-17-034875-2
epub: ISBN 978-3-17-034876-9

Für den Inhalt abgedruckter oder verlinkter Websites ist ausschließlich der jeweilige Betreiber verantwortlich. Die W. Kohlhammer GmbH hat keinen Einfluss auf die verknüpften Seiten und übernimmt hierfür keinerlei Haftung.

Vorwort zur 2. Auflage

Die Dekontamination zählt zu den grundsätzlichen Aufgaben im ABC-Einsatz. Dekontaminationsmaßnahmen reduzieren die Gefährdung betroffener Personen und verringern das Risiko für die im Gefahrenbereich tätigen Kräfte. Sie tragen damit entscheidend zum Einsatzerfolg bei. Dazu muss die Dekontamination so schnell wie möglich und so gründlich wie nötig erfolgen. Komplizierte und zeitaufwendige Lösungen haben im Feuerwehreinsatz wenig Aussicht auf Erfolg. Die Anpassung an die jeweilige örtliche Situation stellt hohe Anforderungen an das Können und Improvisationsvermögen der mit Dekontaminationsaufgaben befassten Einsatzkräfte. Das setzt, wie in der Brandbekämpfung, eine gründliche Ausbildung und das Beherrschen der Einsatzgrundsätze voraus.

Ziel dieses Buches ist es, die dazu notwendigen wissenschaftlichen Kenntnisse und die in der Feuerwehr nutzbaren Verfahren zu vermitteln. Der Fokus liegt auf der Darstellung der Grundlagen, auf denen die in den einzelnen Bundesländern erlassenen Regelungen basieren. Die aktuelle Entwurffassung der FwDV 500 (Stand Juni 2021) wurde berücksichtigt.

An dieser Stelle möchte ich allen danken, die mich bei der Überarbeitung dieses Roten Heftes unterstützt haben.

Andreas Kühar
Vught, den 01.03.2021

Inhaltsverzeichnis

Vorwort zur 2. Auflage 3

1 Kontaminationen und ihre Eigenschaften 9
1.1 Das Verhalten von Kontaminationen. 9
1.2 Wechselwirkungen zwischen Kontamination und Oberfläche. 10
1.3 Der Einfluss des Aggregatzustands einer Kontamination. 14
1.4 Einflüsse der kontaminierten Oberfläche. 17
1.5 Gesundheitliche Risiken durch Kontaminationen . . . 19

2 Die Dekontamination. 22
2.1 Grundlagen der Dekontamination. 22
2.2 Die Dekontaminationsverfahren. 24
2.3 Physikalische Dekontaminationsverfahren. 25
2.4 Chemische Dekontaminationsverfahren. 35
2.5 Kombinationen physikalischer und chemischer Dekontaminationsverfahren. 44
2.6 Ausbringen von Dekontaminationsmitteln. 46
2.7 Ansetzen von Dekontaminationsmittellösungen . . . 48
2.8 Kriterien für die Auswahl von Dekontaminationsverfahren. 50

3 Dekontamination radioaktiver Substanzen 53
3.1 Die Gefährdung durch radioaktive Kontaminationen. 53
3.2 Dekontamination. 57

Inhaltsverzeichnis

3.3	Der Nachweis radioaktiver Kontaminationen	62
4	**Dekontamination biologischer Gefahrstoffe**	**66**
4.1	Die Gefährdung durch biologische Gefahrstoffe	66
4.2	Desinfektion	68
4.2.1	Desinfizierende Verbindungen und ihre Eigenschaften	70
4.2.2	Desinfektion der Körperoberfläche	73
4.2.3	Desinfektion der PSA	73
4.2.4	Verfahrensabläufe bei der Bekämpfung von Tierseuchen	74
4.3	Nachweis des Dekontaminationserfolges	75
5	**Dekontamination chemischer Gefahren**	**76**
5.1	Eigenschaften chemischer Gefahrstoffe	76
5.2	Die Dekontamination chemischer Gefahrstoffe	81
5.3	Der Nachweis chemischer Kontaminationen	92
6	**Die Dekontamination im Feuerwehr-Einsatz**	**95**
7	**Dekontamination von Personen**	**102**
7.1	Das Stufenkonzept der Personen-Dekontamination	102
7.2	Die Sofort-Dekontamination (Dekon-Stufe I)	106
7.3	Massendekontamination	109
7.4	Die Dekontamination von Einsatzkräften in PSA (Dekon P)	111
7.5	Die Dekontamination Verletzter (Dekon V)	121
7.5.1	Dekon V gehfähiger Personen	124
7.5.2	Die Dekontamination nicht gehfähiger Verletzter	128

Inhaltsverzeichnis

7.5.3 Schutz des Rettungsdienstpersonals. 132
7.6 Die Notfallstation (NFS). 132

8 Dekontamination von Geräten und Infrastruktur (Dekon G). **138**
8.1 Dekontamination von Persönlicher Sonderausrüstung und Kleingeräten. 140
8.2 Dekontamination von Fahrzeugen. 143
8.2.1 Aufbau des Dekon-Platzes G in Abhängigkeit vom Fahrzeugaufkommen. 152
8.2.2 Ermittlung des Zeitbedarfs. 154
8.3 Dekontamination von Gebäuden und Infrastruktur. 155

9 Sicherheit und Ausbildung. **158**
9.1 Sicherheitshinweise für Dekontaminationsarbeiten. 158
9.1.1 Witterungseinflüsse. 159
9.1.2 Sicherheitsregeln beim Umgang mit Dekontaminationsmitteln. 160
9.1.3 Persönliche Schutzausrüstung. 161
9.2 Aus- und Fortbildung. 166

Fazit. **171**

Literaturverzeichnis. **172**
Anhang 1. 174
Anhang 2. 176

1 Kontaminationen und ihre Eigenschaften

1.1 Das Verhalten von Kontaminationen

Unter einer Kontamination wird allgemein die Verunreinigung einer Substanz mit einer anderen verstanden. Das muss nicht immer ein Nachteil sein. So führt die gezielte Kontamination von Eisen mit anderen Elementen, wie Kohlenstoff, Nickel, Mangan usw., zu den Stählen. Auch die Halbleitertechnik wäre ohne die gezielte Kontamination von Silizium mit anderen chemischen Elementen nicht denkbar.

Die vfdb-Richtlinie 10/04 »Dekontamination bei Einsätzen mit ABC-Gefahren« definiert eine Kontamination als »die Verunreinigung der Oberfläche von Lebewesen, des Bodens und/oder von Gegenständen mit radioaktiven, biologischen oder chemischen Gefahrstoffen, sowie mit ABC-Gefahrstoffen verunreinigte Flüssigkeiten«. Darunter fallen radioaktive Strahlenquellen, Krankheitserreger und deren Überträger, Toxine, Industriechemikalien und chemische Kampfstoffe. Die Freisetzung von Gefahrstoffen erfolgt in der Regel aufgrund eines Schadens an einer industriellen Anlage, durch Transportunfälle oder die unsachgemäße Anwendung. Die geänderten sicherheitspolitischen Rahmenbedingungen der Bundesrepublik Deutschland erfordert es aber auch, eine geplante Freisetzung, z. B. im Rahmen eines terroristischen Anschlags, als mögliche Ursache einer Gefährdung in Betracht zu ziehen. Ferner können industrielle und militärische Altlasten Kontaminationen hervorrufen.

Die Kontamination kann eine Gefahrenquelle darstellen und zu einer Verschleppung der Gefahrstoffe auch außerhalb des ursprünglich betroffenen Bereichs führen. Neben einer primären Gefährdung durch den direkten Kontakt der Körperoberfläche mit dem austretenden Gefahrstoff entsteht so eine sekundäre Gefährdung über die durch ihn kontaminierten Oberflächen. Deshalb sind erkannte Kontaminationen zu entfernen. Wo das nicht möglich ist, müssen sie abgedeckt oder gekennzeichnet werden. Dekontaminationsmaßnahmen haben das Ziel, diese sekundäre Gefährdung zu beseitigen oder zumindest zu minimieren.

Die Freisetzung von Gefahrstoffen ist als Feststoff in Form von Stäuben, als Flüssigkeit, Gas oder Aerosole möglich. Diese können sich nach ihrer Freisetzung auf Oberflächen niederschlagen und dort als Kontamination anhaften. Bei Kontakt mit einer Oberfläche kommt es zu Wechselwirkungen zwischen dem Gefahrstoff und dem kontaminierten Stoff. Die Wechselwirkungen sind abhängig von der physikalischen und chemischen Beschaffenheit der beteiligten Stoffe, wie Aggregatzustände, Temperatur und dem Vorhandensein reaktiver Bestandteile in einem der beiden Partner.

1.2 Wechselwirkungen zwischen Kontamination und Oberfläche

Nach dem Niederschlag von Stoffen auf eine Oberfläche kommt es zur Adhäsion an diese. Die Adhäsion beschreibt die

1.2 Wechselwirkungen zwischen Kontamination

Anlagerung einer Substanz auf einer Oberfläche anhand physikalischer Effekte (Physisorption). Diese »Bindungen« kommen nur durch schwache Bindungskräfte, z. B. durch Ladungsverschiebungen zustande und führen nur zu einer sehr lockeren Anhaftung auf dem Oberflächenmaterial. Treten nach einer Kontamination allein Adhäsionskräfte auf, so lässt sich der Schadstoff problemlos entfernen.

Können die Schadstoffe dagegen mit dem kontaminierten Material Wechselwirkungen eingehen, sind Reaktionen der beiden Substanzen möglich. In diesem Fall kann sich der Gefahrstoff mit der Oberfläche verbinden oder abhängig von deren Beschaffenheit und Material in sie eindringen. Werden dessen Moleküle bzw. Atome auf der Oberfläche chemisch gebunden, liegt eine Adsorption vor, dringt die Substanz in die Oberfläche ein, spricht man von Absorption (Bild 1).

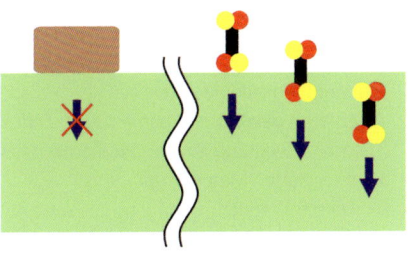

Bild 1: *Adsorption eines Stoffes an einer Materialoberfläche (links) und Absorption (rechts) in das kontaminierte Material, z. B. einer Lackschicht*

1 Kontaminationen und ihre Eigenschaften

Im Verlauf der Adsorption entstehen chemische Bindungen an der Oberfläche. Das klassische Beispiel ist das Einwirken von Sauerstoff auf Metalle, in dessen Verlauf Oxide entstehen. Dieser Vorgang wird als Chemisorption bezeichnet. Auch der Ionenaustausch stellt eine Adsorption dar. Dabei werden elektrisch geladene Atome (Ionen) zwischen Kontamination und Oberfläche ausgetauscht. Dieser Prozess basiert auf dem Platzwechsel von Ionen der Kontamination mit auf der Oberfläche befindlichen, elektrisch geladenen Teilchen, welche dann in Lösung gehen. Voraussetzungen sind ähnliche Größen- und Ladungsverhältnisse von Ionen der Kontamination und den auf der Oberfläche befindlichen Ionen.

Die Absorption durch das Eindringen eines Stoffes in eine Oberfläche vollzieht sich durch Penetration und Permeation. Die Penetration bezeichnet das Hineinwandern von Teilchen in einen Stoff entlang von Kanälen und Hohlräume, die schadens- aber auch herstellungsbedingt im Material vorhanden sein können. Die Permeation vollzieht sich als Lösungsprozess, in dessen Verlauf der Schadstoff in das Material der Oberfläche eindringt. Nachdem ein Teilchen durch Lösungsprozesse in die Oberfläche gelangt ist, kann es durch Diffusion (ungerichtete Teilchenbewegung) von der Oberfläche in tiefere Schichten des kontaminierten Materials wandern.

Da die Wanderung ungerichtet verläuft, kommt es dazu, dass bereits tiefer in das Material eingedrungene Schadstoffteilchen aus diesem wieder an die Oberfläche zurückwandern und an die Umgebung abgegeben (desorbiert) werden. Diese Abgabe an die Umgebungsatmosphäre erfolgt auch dann noch, nachdem die Oberflächenkontamination bereits entfernt wurde. Da jetzt kein Gefahrstoff mehr von außen in das

1.2 Wechselwirkungen zwischen Kontamination

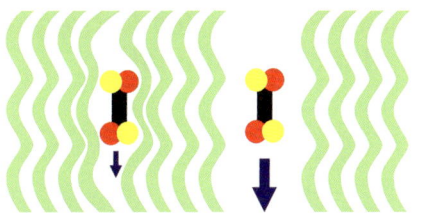

Bild 2: *Eindringen von Lösungsmittelteilchen in einen Kunststoff aufgrund Permeation durch das Lösen in diesem (links) und Penetration durch Wandern entlang eines Hohlraums im Material (rechts)*

Material eindringt, verringern die Desorptionsvorgänge die Konzentration der darin befindlichen Schadstoffteilchen. Die der Grenzfläche nächste Materialschicht hat die Masse des Gefahrstoffs aufgenommen. Statistisch gesehen können deshalb zuerst die in oberflächennahen Schichten befindlichen Schadstoffteilchen wieder an die Oberfläche gelangen. Tiefer eingedrungene Teilchen müssen einen entsprechend längeren Weg bis zur Oberfläche zurücklegen und werden deshalb erst später desorbiert. Der zeitliche Verlauf der Desorption und die daraus resultierende Gefahr, desorbierte Stoffe einzuatmen (Inhalationsrisiko), sind abhängig von der Wechselwirkung des Schadstoffs mit dem Oberflächenmaterial.

1.3 Der Einfluss des Aggregatzustands einer Kontamination

Schadstoffe können fest, flüssig oder gasförmig auftreten. Ihr Aggregatzustand ist wesentlich für das Verhalten einer Kontamination.

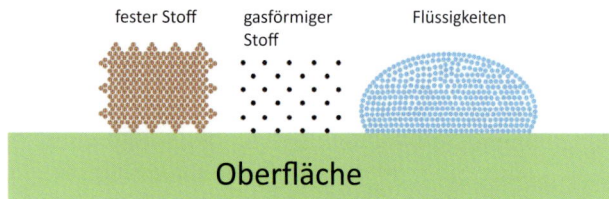

Bild 3: *Kontamination einer Oberfläche durch feste Stoffe, gasförmige Stoffe und Flüssigkeiten*

Kontamination durch Feststoffe
Mit einer Absorption oder Adsorption an Oberflächen ist bei einer Kontamination durch Feststoffe unter den im Feuerwehreinsatz herrschen Bedingungen kaum zu rechnen. Dazu verlaufen Festphasenreaktionen unter Umweltbedingungen zu langsam. Das hängt unter anderem damit zusammen, dass Feststoff-Teilchen ihre Oberfläche nicht verändern können und dadurch zwischen einem Feststoff-Partikel und der kontaminierten Oberfläche nur eine relativ kleine Kontaktfläche besteht. Aufgrund der kleinen Grenzfläche kommt es kaum zu Teilchenwanderungen zwischen den Substanzen. Deshalb

lassen sich feste, staubförmige Feststoffkonzentrationen zumeist leicht entfernen.

Kontamination durch Gase und Dämpfe
Gase können Materialien korrodieren und aufgrund ihrer geringen Größe schnell in poröse Oberflächen eindiffundieren. Sie führen aber nur in wenigen Fällen zu einer Oberflächenkontamination, die eine Gefährdung darstellen kann. Das hängt damit zusammen, dass die Stoffkonzentration in Gasen weit geringer ist als in Flüssigkeiten gleichen Volumens. Folgendes Beispiel macht dies deutlich: Ein Liter Wasser ergibt 1 700 Liter Wasserdampf. Umgekehrt enthält ein Liter Wasserdampf nur 1/1700 der Teilchen, die in einem Liter Wasser im flüssigen Aggregatzustand vorhanden sind.

Kontamination durch flüssige Gefahrstoffe
Flüssigkeiten können mit Oberflächen aufgrund ihrer variablen Oberfläche in engen Kontakt treten. Dadurch wird es Schadstoffteilchen erleichtert, die Phasengrenze zwischen der Flüssigkeit und der Materialoberfläche zu überwinden und mit dieser in Wechselwirkung zu treten. Die Benetzung ist wesentlich von der Oberflächenspannung der jeweiligen Flüssigkeit abhängig. Dieser Effekt lässt sich an einem Wassertropfen auf einer Lackschicht verdeutlichen. Stark polare Flüssigkeiten, wie Wasser, haben eine hohe Oberflächenspannung. Wasser zieht sich deshalb zu einem Tropfen zusammen und perlt ab. Benzin hat eine geringere Oberflächenspannung und ist in der Lage, die Lackschicht zu benetzen. Die Oberflächenspannung hängt mit der Polarität der Flüssigkeitsteilchen zusammen. Polare Flüssigkeiten lassen sich untereinander gut mischen

1 Kontaminationen und ihre Eigenschaften

(z. B. Wasser und Ethanol) und lösen polare Feststoffe (z. B. Salze) zumeist gut. Polare Stoffe werden deshalb als hydrophil (wasserfreundlich) bezeichnet. Unpolare Flüssigkeiten (Benzin) lassen sich untereinander gut, mit polaren Flüssigkeiten jedoch nur schlecht mischen. Unpolare Feststoffe wie Wachse und Fette werden von unpolaren Flüssigkeiten gut, von polaren Flüssigkeiten aber nur schlecht gelöst. Sie werden deshalb als lipophil (fettfreundlich) bzw. hydrophob (wasserfeindlich) bezeichnet.

Wesentlich für das Verhalten einer Flüssigkeit unter Umweltbedingungen ist ihr Siedepunkt. Flüssige Substanzen werden in Niedrigsieder und Höhersieder (Siedepunkt unter bzw. über 65 °C) eingeteilt. Da Flüssigkeiten mit einem niedrigen Siedepunkt rasch verdunsten, kontaminieren sie Oberflächen nur kurzzeitig, können aber schnell schädliche Konzentrationen in der Umgebungsatmosphäre erreichen.

In Flüssigkeiten können gasförmige und feste Schadstoffe gelöst sein.

Kontamination durch Aerosole

Aerosole nehmen eine Zwischenstellung im System der Aggregatzustände ein. Es handelt sich bei ihnen um fein verteilte kleinste Feststoffteilchen (Rauch) oder Flüssigkeitstropfen (Nebel) in einem Gas. Die Aerosole bewegen sich ungerichtet. Dieses Verhalten kann gut an der Bewegung von Staubteilchen in einem Sonnenstrahl beobachtet werden. Das Absetzen von Aerosolen auf Oberflächen erfolgt durch Sedimentation aufgrund der Schwerkraft. Schwerere Partikel scheiden sich in kurzer Zeit aus der Gasphase ab und können sich als feiner

Staub oder Tau auf einer Oberfläche niederschlagen. Nach dem Absetzen verhalten sie sich vergleichbar einer Kontamination durch Feststoffe bzw. Flüssigkeiten.

1.4 Einflüsse der kontaminierten Oberfläche

Für das Verhalten einer Kontamination ist, neben den physikalischen und chemischen Eigenschaften des Gefahrstoffs, die Beschaffenheit der von ihm kontaminierten Oberfläche von wesentlicher Bedeutung. Dichte glatte Materialien vermögen dem Eindringen von Stoffen besser zu widerstehen als poröse. Diese verfügen über eine vielfach größere Oberfläche, über die Stoffe aufgenommen werden können. Hinzu kommen Kapillareffekte an der Grenzfläche. Schadstoffe können daher in Glas und Metalle kaum, in Holz und Mauerwerk gut eindringen. Polyurethanlacke oder einbrenngetrocknete Alkydharzlacke setzen dem Eindringen chemischer Substanzen mehr Widerstand entgegen als luftgetrocknete Alkydharzanstriche.

Während der Diffusion eines Schadstoff-Moleküls in Kunststoffen und Lacken können Wechselwirkungen mit dem Polymermaterial, aber auch mit darin enthaltenen Weichmachern und Farbpigmenten auftreten. Diese Reaktionen führen häufig zu Veränderungen der Materialeigenschaften von Werkstoffen wie Verfärbung, Versprödung, Quellung oder Ablösungen.

Kann nach der Grobreinigung von Schutzbekleidung davon ausgegangen werden, dass anhaftende Kontaminationen entfernt wurden, so ist aber in Betracht zu ziehen, dass das Bekleidungsmaterial noch darin eingedrungene Schadstoffe enthält. Da die Diffusion der in das Material eingedrungenen Schadstoffteilchen ungerichtet verläuft, können sie aus dem Polymermaterial zurück an die Oberfläche wandern und dort in die Gasphase übertreten. Da sich die Teilchen mit zunehmender Temperatur schneller bewegen, ist davon auszugehen, dass diese im Anzugstoff »gelösten« Teilchen das Anzugmaterial schneller verlassen, wenn es erwärmt wird. Dieser Sachverhalt wird für die Dekontamination genutzt. Bei Erwärmung treten über der Lack- oder Anzugoberfläche aber auch höhere Schadstoffkonzentrationen auf. Auch ist zu beachten, dass der Schadstoff nach der Wanderung durch den Schutzstoff auch im Anzuginneren eines CSA freigesetzt werden kann.

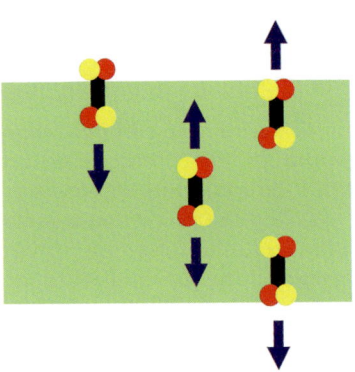

Bild 4: *Wanderungsmöglichkeiten eines Gefahrstoff-Moleküls im Material eines Chemikalienschutzanzugs und Desorption an den Oberflächen*

1.5 Gesundheitliche Risiken durch Kontaminationen

Gefahrstoffe können durch ihre giftigen, ansteckenden oder korrosiven Eigenschaften auf den Körper einwirken. Ferner können von ihnen physikalische Kräfte, wie ionisierende Strahlung, ausgehen. Die Aufnahme eines Gefahrstoffs in den Körper kann über die Atemwege, die Haut, über die Augen, den Magen-Darmtrakt und über Verletzungen erfolgen.

Wesentlich für den Eintritt eines negativen Effekts ist die aufgenommene Dosis, häufig verbunden mit der Zeitdauer der Aufnahme. Zum Beispiel wirken 500 mg Blausäure je Kubikmeter Atemluft für die Hälfte der Betroffenen innerhalb von zehn Minuten tödlich. Wird dagegen die gleiche Dosis über einen Zeitraum von einem Jahr aufgenommen, treten keine Symptome auf, da die Blausäure im Körper schnell abgebaut und ausgeschieden wird. Chronische Vergiftungen sind daher nicht zu erwarten. Zusätzlich zu den akuten Schäden können abhängig von dem aufgenommenen Stoff Langzeitfolgen auftreten, wie Krebserkrankungen oder Schäden des Erbguts.

Die von einer Kontamination ausgehende Gefährdung resultiert aus dem direkten Kontakt mit kontaminierten Flächen durch Berührung (Kontaktrisiko) und durch das Einatmen von ausgasenden, abdampfenden oder reaerosolisierten Gefahrstoffen (Inhalationsrisiko). Daher müssen Kontaminationen stets auch als Quellen einer Inkorporation betrachtet werden.

1 Kontaminationen und ihre Eigenschaften

Das Kontaktrisiko

Durch das Berühren der kontaminierten Oberfläche kann der Gefahrstoff die Haut direkt oder durch eine Kontaminationskette über die Bekleidung und Gebrauchsgegenstände kontaminieren. Die intakte Haut stellt eine Schutzhülle des Körpers vor Umwelteinflüssen dar. Viele Substanzen, wie Lösungsmittel, können sie aber durchdringen, ätzende und oxidierende Stoffe schädigen sie direkt. Verletzungen – selbst nur geringfügige – führen zu einer beschleunigten Inkorporation von Schadstoffen und erlauben auch solchen Substanzen, welche die intakte Haut nicht durchdringen können, in den Körper zu gelangen.

Das Kontaktrisiko ist, neben den toxikologischen Eigenschaften des Gefahrstoffs, wesentlich durch die Größe der kontaminierten Oberfläche bestimmt, die während der Handhabung eines Gerätes oder Fahrzeugs berührt wird. Gerade das Risiko des zufälligen Kontakts durch Sitzen, Anlehnen usw. darf nicht vernachlässigt werden.

Die Bekleidung stellt einen vorübergehenden Schutz gegen den direkten Kontakt mit einer Kontamination dar. Ist sie selbst kontaminiert, erhöht sich jedoch das Kontaktrisiko. Anhand der Abbildung 5 ist ersichtlich, dass selbst bei sommerlichen Temperaturen ca. 50 % der Körperoberfläche durch Kleidung bedeckt sind. Durch Entfernen der äußeren Kleidungsschicht lässt sich die Kontamination einer Person bereits deutlich verringern. Das frühzeitige Ablegen der kontaminierten Oberbekleidung ist deshalb ein entscheidender Schritt der Dekontamination.

1.5 Gesundheitliche Risiken durch Kontaminationen

Bild 5: *Abschätzen der Verringerung einer Kontamination durch Ablegen der Oberbekleidung (Foto: Michael Weigle)*

Das Inhalationsrisiko

Abdampfende bzw. ausgasende Schadstoffe und reaerosolisierte Gefahrstoffpartikel stellen besonders in geschlossenen Räumen, wie Fahrzeuginnenbereichen, eine nicht unerhebliche Gefahr dar. Die Abdampfrate (mg/m^2 x min) ist abhängig vom Schadstoff, vom Oberflächenmaterial und der Temperatur. Sie gilt streng genommen nur für die oberflächennahe Materialschicht. Tiefer eingedrungene Schadstoffmoleküle, die erst durch Diffusion an die Oberfläche gelangen müssen, treten langsamer aus, führen aber zu einer länger anhaltenden Gefährdung. Als Maß für die Gefährlichkeit einer Kontamination kann der Arbeitsplatz-Grenzwert des Schadstoffs herangezogen werden.

2 Die Dekontamination

2.1 Grundlagen der Dekontamination

Das Beseitigen oder die Verringerung einer Kontamination wird als Dekontamination bezeichnet. Man versteht darunter sowohl das Entfernen radioaktiver Substanzen (Entstrahlung), die Beseitigung von Krankheitserregern (Entseuchung bzw. Desinfektion) und deren Überträgern (Entwesung), als auch das Entfernen oder Umsetzen von chemischen Gefahrstoffen (Entgiftung). Die vollständige Beseitigung einer Kontamination durch Dekontaminationsmaßnahmen ist allein im Idealfall zu erreichen. In der Realität wird sie nur in Ausnahmefällen möglich sein. Mit einem Zurückbleiben von Restkontaminationen muss daher gerechnet werden. Wie gründlich die Dekontamination verlaufen ist, lässt sich mit den in der Feuerwehr verfügbaren Messgeräten nur im Strahlenschutzeinsatz annähernd feststellen. Für biologische und chemische Gefahren stehen dazu noch keine für den Einsatz tauglichen Geräte zur Verfügung. Dekontaminationsarbeiten sollen die Konzentration eines Gefahrstoffs soweit verringern, dass sowohl ein gesundheitliches Risiko als auch die Gefahr einer Kontaminationsverschleppung beseitigt oder zumindest minimiert werden.

Die Feuerwehr-Dienstvorschrift 500 »Einheiten im ABC-Einsatz« definiert die Dekontamination durch die Feuerwehr als »Grobreinigung von Einsatzkräften einschließlich ihrer Schutzbekleidung, von anderen Personen sowie von Geräten«. Ziel ist »die Reduzierung der Kontamination der Ober-

2.1 Grundlagen der Dekontamination

flächen von Lebewesen, des Bodens, von Gewässern oder Gegenständen. Die eigentliche Dekontamination obliegt den Fachbehörden. Unter deren Verantwortung kann die Feuerwehr in Amtshilfe bei der Dekontamination unterstützend tätig werden.«

Damit können in der Feuerwehr zwei Stufen der Dekontamination unterschieden werden:

1. Die Grobdekontamination (Grobreinigung) beseitigt bzw. minimiert das Kontaktrisiko. Beim Umgang mit grob dekontaminierten Materialien müssen aber aufgrund des Inhalationsrisikos und einer möglichen Desorption weiterhin Atemschutz und Schutzhandschuhe getragen werden.
2. Die Gründliche Dekontamination (Feinreinigung) minimiert die Gefährdung so weit, dass das dekontaminierte Material wieder ohne Schutzmaßnahmen genutzt werden kann.

Da zu den Aufgaben der Feuerwehr auch der Erhalt von Sachwerten gehört und die Fachbehörden meist nicht über das Personal und die Ausrüstung zur Durchführung von Dekontaminationsarbeiten verfügen, sollten die Dekon-Kräfte der Feuerwehr in der Lage sein, auch über die Grobreinigung hinausgehende Maßnahmen durchführen zu können. Die zuständige Behörde gibt dann das Verfahren und die zu verwendenden Dekontaminationsmittel vor. Sie ist auch für die Freigabe verantwortlich. Erst nach der Freigabe (die zu dokumentieren ist) dürfen Geräte aus dem Gefahrenbereich herausgebracht werden, bzw. Ausrüstung und Gebäude wieder uneingeschränkt genutzt werden.

2 Die Dekontamination

Die Entscheidung, ob, wann und wie eine Kontamination zu beseitigen ist, hängt von verschiedenen Faktoren ab, unter anderem:

- von der Gefährlichkeit des freigesetzten Stoffes,
- von der freigesetzten Menge,
- vom Ort der Freisetzung (ein Säureunfall auf dem Betriebshof einer Spedition hat eine andere Qualität als in einer belebten Ortsdurchfahrt),
- von der Art der kontaminierten Oberfläche,
- vom Umweltverhalten des Schadstoffs und von der seit der Freisetzung vergangenen Zeit (eine Kontamination mit Diethylether, der einen Siedepunkt von ca. 35 °C aufweist, wird verdunstet sein, bevor sich Dekontaminationsmaßnahmen auswirken können).

2.2 Die Dekontaminationsverfahren

Die Dekontamination kann grundsätzlich durch das Entfernen eines Gefahrstoffs von einer Oberfläche oder der Umsetzung in ungefährliche oder weniger gefährliche Substanzen erfolgen. Dazu finden physikalische und chemische Dekontaminationsverfahren Anwendung. Häufig werden Kombinationen angewendet.

Die vfdb-Richtlinie 10/04 unterscheidet zwischen Nass- und Trockendekontamination. Unter Nassdekontamination werden die Verfahren zusammengefasst, bei denen Dekontaminationsflüssigkeiten ausgebracht werden. Mit Ausnahme des Abwaschens zählen die physikalischen Verfahren zur Trockendekontamination. Dagegen sollten die chemischen

Tabelle 1: *Übersicht über die in der Gefahrenabwehr angewendeten Dekontaminationsverfahren*

Physikalische Dekontaminationsverfahren	Chemische Dekontaminationsverfahren	Kombinationen beider Verfahren
Abwaschen Absaugen Verdampfen Adsorption Abdecken/Fixieren	Komplexieren Neutralisieren Hydrolysieren Oxidieren Desinfizieren	Lösen/Komplexieren Lösen/Oxidieren

Verfahren immer als Nassdekontamination durchgeführt werden, da es sonst zu heftigen Umsetzungsreaktionen kommen kann.

2.3 Physikalische Dekontaminationsverfahren

Abwaschen von Kontaminationen

Das Entfernen von Gefahrstoffen durch Abwaschen stellt in der Feuerwehr, neben dem Einsatz von Bindemitteln, aufgrund ihrer Ausrüstung das gebräuchlichste Dekontaminationsverfahren dar. Gefahrstoffe können mit Wasser oder organischen Lösungsmitteln (z. B. Waschbenzin) durch Lösen von Oberflächen entfernt werden. Dabei geht der Gefahrstoff auf das Lösungsmittel über. Er wird durch das Lösungsmittel aber zumeist nicht umgesetzt, sondern behält weiterhin seine gefährlichen Eigenschaften. Die zum Abwaschen genutzten Lösungsmittel lassen sich in hydrophile (»wasserliebende«) und lipophile (»fettliebende«) Flüssigkeiten unterscheiden.

Hydrophile, polare Flüssigkeiten, wie Wasser, verfügen über gute Lösungseigenschaften gegenüber hydrophilen Verschmutzungen (»Gleiches löst sich in gleichem«), beispielsweise Säuren und Laugen. Wasser ist ungiftig, nicht brennbar und in Deutschland fast überall verfügbar. Aufgrund seines chemischen Aufbaus kann es jedoch hydrophobe (»wasserfeindliche«) organische Verbindungen (z. B. Kraftstoffe, Fette und Lacke) nur schlecht lösen. Elektronische Geräte können durch Wasser zerstört werden. Bei Temperaturen unter 0°C gefriert es und kann dadurch eine Gefährdung für den Verkehr darstellen. Der Reinigungseffekt von Wasser lässt sich durch Druckerhöhung, Erwärmung und Zumischen von Netzmitteln (Tenside) steigern. Das Wasser dient dabei als Transportmedium für die kinetische Energie, die Wärmeenergie und die oberflächenaktiven Netzmittel.

Durch die Druckerhöhung unterstützt die mechanische Energie des Wasserstrahls die Lösemitteleigenschaften des Wassers. Der Druck stellt einen Kompromiss zwischen der gesteigerten Ablösekraft und der Gefahr von Schäden an dem zu reinigenden Objekt dar. Der mit handelsüblichen Hochdruckreinigern erreichbare Druck beträgt an der Düse ca. 200 bar. Die Energie des Strahls nimmt mit zunehmendem Abstand zwischen Düse und Objekt aber stark ab. Neben dem Wasserdruck ist der Auftreffwinkel auf die zu reinigende Oberfläche ein wichtiger Parameter. Zum Entfernen fest anhaftender Verschmutzungen muss der Strahl in einem Winkel von 0 bis 25° auf die Oberfläche auftreffen. Sonst wird ein Winkel von 30 bis 35° als optimal erachtet (Spachteleffekt).

2.3 Physikalische Dekontaminationsverfahren

Die Temperatur des Lösungsmittels übt einen wesentlichen Einfluss auf den Dekontaminationserfolg aus. Dieser Effekt wird täglich beim Geschirrspülen ausgenutzt. Mit zunehmender Temperatur wird die Oberflächenspannung von Wasser herabgesetzt, was zu einer optimierten Benetzung der zu dekontaminierenden Oberfläche führt. Gleichzeitig werden höher viskose Kontaminationen, z. B. Fette, dünnflüssig und lassen sich leichter mechanisch entfernen.

Netzmittel (Tenside), wie Reinigungs-, Spül- oder Schaummittel, setzen die Oberflächenspannung des Wassers herab und ermöglichen so das Lösen und Abwaschen von hydrophoben Verschmutzungen. Tenside verfügen aufgrund ihres chemischen Aufbaus über einen (zumeist negativ geladenen) hydrophilen und einen hydrophoben Teil. Dadurch ordnen sie sich an der Phasengrenze zwischen den Schmutzteilchen und dem Wasser so an, dass sich die hydrophoben Teile an die Oberflächen der Verschmutzung und des kontaminierten Materials anlagern, während die hydrophilen Köpfe in das umgebende Wasser ragen.

Bei der Anlagerung von Tensiden an die Materialoberfläche werden dort befindliche Verschmutzungen abgelöst und von den Tensidmolekülen vollständig umschlossen (Mizellenbildung). Aufgrund der jeweils nach außen zeigenden negativen Ladungen kommt es zur Abstoßung zwischen der zu reinigenden Oberfläche und den Mizellen (siehe Bild 6). Die in Lösung befindliche organische Kontaminationen werden besser emulgiert und als fein verteilte Tröpfchen in Lösung gehalten. So wird ein erneutes Absetzen auf der zu dekontaminierenden Oberfläche verhindert.

2 Die Dekontamination

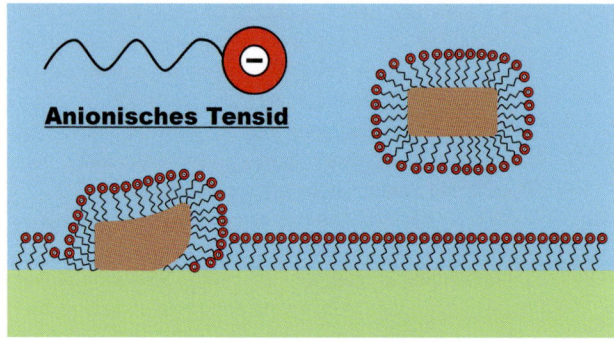

Bild 6: *Ablösen von Schmutzteilchen und Mizellenbildung*

Bei der Dekontamination der Haut wird eine als »angenehm« empfundene Wassertemperatur in Verbindung mit einer pH-neutralen Seife und geringem Wasserdruck (Handbrause) empfohlen.

Unpolare Lösungsmittel eignen sich besonders zum Entfernen von lipophilen Verschmutzungen (Fette, Öle, Lacke). Lipophobe Schadstoffe oder salzartige Verschmutzungen können durch sie nicht gelöst werden. Weitere Nachteile sind häufig die Umweltbelastung (etwa bei der Verwendung von Kohlenwasserstoffen, wie Waschbenzin oder Bremsenreiniger), die Brandgefahr vieler Lösungsmittel und der Preis. Diese Faktoren schränken die Verwendung auf Spezialgebiete, z. B. die Dekontamination von wasserempfindlichen Kleingeräten, wie Handfunkgeräte, ein. Die gelösten Schadstoffe werden durch das Lösungsmittel nicht umgesetzt, sondern reichern sich in ihm an.

2.3 Physikalische Dekontaminationsverfahren

Aufgrund seines hohen Flammpunkts und seiner biologischen Abbaubarkeit eignet sich Polyethylenglycol (PEG 400) besonders als organisches Lösungsmittel für die Dekontamination. PEG 400 (400 gibt das Molgewicht an) ist eine viskose Flüssigkeit, die aufgrund ihrer Hautverträglichkeit als Dekontaminationsmittel für die Körperoberfläche zur Anwendung kommt. Um darin gelöste Schadstoffe abbauen zu können, werden dem PEG reaktive Komponenten zugesetzt.

Waschbenzin und Bremsenreiniger bestehen aus flüchtigen Kohlenwasserstoffen. Sie eignen sich gut zur Beseitigung von Kontaminationen mit hydrophoben Stoffen, z. B. Fetten. Aufgrund der von ihnen ausgehenden Risiken der Brandgefahr, einer Umweltgefährdung und der Kontaminationsverschleppung beschränkt sich ihre Anwendung auf die Beseitigung kleinräumiger Verschmutzungen.

Bild 7: *Verhalten von Wasser (links) und einem unpolaren Lösungsmittel (rechts) auf einer wasserabweisenden Oberfläche*

Durch Abwaschen können nur an Oberflächen anhaftende Kontaminationen entfernt werden. In die Materialoberfläche eingedrungene Stoffe lassen sich dagegen kaum beseitigen. Daher ist dieses Verfahren allein für eine gründliche Dekontamination von Material häufig nicht ausreichend.

Das Abwaschen findet seine Anwendung bei der Personendekontamination, der Grobreinigung von Gerät und bei der Nachbehandlung zum Entfernen der aufgebrachten Dekontaminationsmittel im Rahmen der gründlichen Dekontamination. Empfindliche Kleingeräte (z. B. Funkgeräte) lassen sich häufig nur durch Abwischen mit geeigneten Lösungsmitteln dekontaminieren.

Dekontamination durch Luftströmung
Gefahrstoffe, die nur schwach an Oberflächen gebunden sind, können durch Absaugen oder Wegblasen entfernt werden. Bei Stäuben besitzt das Absaugen den Vorteil, dass die Kontamination im Staubsauger gesammelt wird und sich nicht erneut in der Umgebung niederschlägt. Voraussetzung ist ein Gerät mit entsprechend leistungsfähigem (HEPA)-Partikelfilter, der eine Verteilung des Gefahrstoffs in Form von Aerosolen verhindert. Der Einsatz von Gebläsen erzeugt einen kräftigeren Luftstrom, führt aber zu einer unkontrollierten Kontaminationsverschleppung. Ist dieses Risiko vernachlässigbar, können beispielsweise auch Laubblasgeräte eingesetzt werden.

Absaugen und Wegblasen eignen sich vorzugsweise zum Beseitigen von Stäuben. Bei Flüssigkeiten besteht die Gefahr der Verschleppung durch Verschmieren. Außerdem kann bei Staubsaugern der Partikelfilter Schadstoffdämpfe nicht zurückhalten. Anwendung findet dieses Verfahren z. B. bei der

2.3 Physikalische Dekontaminationsverfahren

Dekontamination von Innenräumen und der Grobdekontamination von Bekleidung.

Verdampfen von Kontaminationen

Flüssige Schadstoffe können durch Beaufschlagen mit einem Luftstrom oder Wasserdampf von Oberflächen und aus porösen Materialien entfernt werden. Durch den Luftstrom verdunsten Flüssigkeits-Kontaminationen schnell und werden mit diesem abgeleitet. Bei Flüssigkeiten mit Siedepunkten unter 150°C sind die in der Feuerwehr genutzten Überdrucklüfter geeignet. Bei höheren Siedepunkten können gewerbliche Raumheizgeräte eingesetzt werden.

Beim Einsatz von Lüftern und Heizgeräten muss beachtet werden, dass Flüssigkeiten aus dem Luftstrom wieder auskondensieren können. Die daraus resultierende Gefahr einer Kontaminationsverschleppung muss bei der Planung berücksichtigt werden. Besonders ist zu beachten, dass explosible Dampf-/Luftgemische auftreten können.

Dekontaminationsmodule für Schutzbekleidung nutzen u. a. Dampf zur Dekontamination. Durch die große Volumenzunahme des Wassers beim Verdampfen ist der Wasserbedarf im Vergleich zum Abwaschen geringer. Die Verwendung von Wasserdampf führt, neben dem Verdampfen der Kontamination, zur hydrolytischen Umsetzung vieler chemischer Gefahrstoffe. Den guten Ergebnissen, die für die Dekontamination chemischer und biologischer Kontaminationen erzielt werden, steht allerdings ein erheblicher apparativer Aufwand gegenüber. Feste Schadstoffe werden kaum beseitigt, da das gasförmige Medium nicht in der Lage ist, Teilchen von der Oberfläche zu lösen und gelöst abzutransportieren. Die De-

2 Die Dekontamination

kontamination durch Verdampfen kann bei der Dekontamination von Textilien, Schutzbekleidung und Innenräume nach Kontaminationen mit Flüssigkeiten angewendet werden.

Bild 8: *Beschickung eines Dekontaminationsmoduls für Bekleidung (Foto: Kärcher Futuretec GmbH)*

Dekontamination durch Adsorption

Materialien mit großer Oberfläche, wie z. B. Aktivkohle oder Chemikalienbinder, spielen in der Dekontamination von flüssigen Schadstoffen eine wichtige Rolle. Sie reichern Schad-

2.3 Physikalische Dekontaminationsverfahren

stoffe an ihrer Grenzfläche an. Dabei erfolgt die Bindung durch Adsorption. Verschiedene Bindemittel können Flüssigkeiten auch absorbieren, dabei kommt es zu einer Volumenzunahme durch Quellung. Neben pulverförmigen Bindemitteln werden Bindetücher und Ölschlängel eingesetzt. Beim Einsatz von Bindemitteln muss beachtet werden, dass durch die um ein Vielfaches vergrößerte Oberfläche flüssige Schadstoffe leichter in die Dampfphase übertreten können. Das kann zu einer Zunahme der Brandgefahr führen.

Die Anwendung erfolgt bei der Dekontamination von Straßen und der Aufnahme von hydrophoben Chemikalien auf Gewässern. Bindetücher können auch zur Beseitigung erkennbarer Kontaminationen auf Geräten verwendet werden.

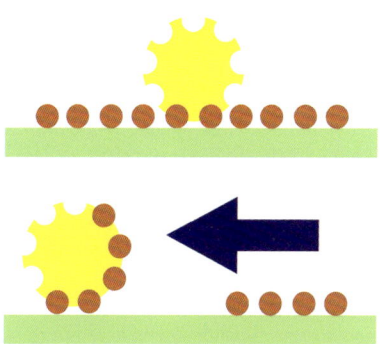

Bild 9: *Entfernen von Kontaminationen durch Bindemittel. Durch mechanisches Bewegen wird die gesamte Oberfläche des Bindemittels mit Schadstoffen beladen.*

2 Die Dekontamination

Abdecken von Material, Abdecken der Kontamination, Fixieren von Kontaminationen

Abdeckungen aus undurchlässigem Material stellen kein Dekontaminationsverfahren im eigentlichen Sinn dar, werden aber zur Vermeidung einer Kontaminationsverschleppung eingesetzt. Das Abdecken kann sowohl vor, während, als auch nach einer Kontamination sinnvoll sein.

Das Abdecken von Material oder Infrastruktur vor einer Kontamination bzw. während eines Einsatzes verringert das Kontaminationsrisiko und erleichtert die Dekontamination. Das Abdeckmaterial wird nach einer Kontamination vom Gerät abgenommen und entsorgt. Viele chemische Gefahrstoffe sind allerdings in der Lage, Abdeckmaterialien zu durchdringen oder mit ihnen zu reagieren, was zu einem Verlust der Schutzfunktion führen kann. Daher sollten diese schnellstmöglich nach der Anwendung wieder entfernt werden.

Nach erfolgter Kontamination kann die Gefahr einer Kontaminationsverschleppung durch das Abdecken kontaminierter Bereiche minimiert werden. Kontaminierte Geräte können luftdicht in Kunststoffsäcke verpackt abtransportiert werden Gut geeignet als Abdeckmaterial sind Folien aus Hochdruck-Polyethylen (HD-PE). Auch das Umpacken von leckgeschlagenen Gebinden in Überfässer fällt in diese Kategorie.

Luftvergiftungen durch Gefahrstoffe, die aus einem kontaminierten Geländeabschnitt verdunsten, können kurzzeitig durch Abdecken der Geländeoberfläche mit Mittel- oder Schwerschaum verringert werden. Der Effekt ist identisch mit der Minimierung der Brand- und Explosionsgefährdung durch das Abdecken brennbarer Flüssigkeiten. Es besteht jedoch die

Gefahr der Kontaminationsverschleppung durch den kontaminierten Schaum.

Staubförmige Kontaminationen können durch Sprühlacke, Sprühkleber und Klebefolien auf der kontaminierten Oberfläche fixiert werden. Dadurch wird die Gefahr der Kontaminationsverschleppung verringert. Beispielsweise wird dieses Verfahren zur Minimierung der Staubentwicklung bei der Bergung von abgebrannten Kohlefaser-Verbund-Bauteilen genutzt, um die Freisetzung gefährlicher Kohlefaser-Partikel zu verhindern.

2.4 Chemische Dekontaminationsverfahren

Verdünnung und Neutralisation

Ein großer Anteil der bei Gefahrstoffunfällen freigesetzten Stoffe entfällt auf Säuren und Basen (Laugen). Ihre schädigende Wirkung hängt von ihrer Stärke und Konzentration ab und wird in wässrigen Lösungen durch den pH-Wert beschrieben. Nach Freisetzung einer Säure oder Base kann diese durch Verdünnen mit Wasser oder Neutralisation auf einen pH-Wert um den Neutralpunkt (pH 7) gebracht werden. Verdünnen verringert die Konzentration der Säure oder Base. Da der pH-Wert eine logarithmische Größe ist, werden jedoch große Mengen Wasser benötigt, um eine relevante Änderung herbeizuführen.

Bei der Neutralisation erfolgt die Umsetzung einer Säure mit einer Base (und umgekehrt). Dabei entstehen Wasser und

2 Die Dekontamination

Salze. Bei Zusatz äquivalenter Mengen wird im Idealfall der pH-Wert 7 erreicht (unter Einsatzbedingungen sind pH-Werte von 5 bis 9 realistisch). Säuren können durch Zugabe von wässriger Natriumcarbonat-Lösung neutralisiert werden. Analog lassen sich Basen durch eine wässrige Zitronensäurelösung neutralisieren. Im Gegensatz zur Verdünnung wird dabei eine deutlich geringere Wassermenge benötigt. Konzentrierte Säuren und Laugen reagieren bei der Verdünnung und Neutralisation unter starker Wärmeabgabe, die Wasser zum Sieden bringen kann. Daher sollte das Verfahren nur unter Aufsicht einer fachkundigen Person mit großer Vorsicht unter geeigneter PSA angewendet werden. Verdünnen und Neutralisieren werden bei der Dekontamination von Gerät und Infrastruktur angewendet.

Einfluss des pH-Werts

Als Kriterium, ob eine Lösung sauer oder basisch ist, wird die Protonenkonzentration (Protonen sind Wasserstoff-Atomkerne, die etwa im Wasser frei vorhanden sind) angegeben. Die dafür eingeführte Maßeinheit ist der pH-Wert. Er verhält sich umgekehrt zur Protonenkonzentration, d. h. je mehr Protonen in einer Lösung vorhanden sind, umso niedriger ist der pH-Wert.

Reines Wasser hat einen pH-Wert von 7 (pH-neutral). Säuren setzen beim Lösen in Wasser Protonen frei. Durch Säurezugabe erhöht sich die Protonenkonzentration, der pH-Wert sinkt dadurch, d. h. der saure Bereich weist einen pH-Wert kleiner 7 auf.

2.4 Chemische Dekontaminationsverfahren

> **Beispiel:**
> Essig wird als Würzmittel in vielen Speisen verzehrt. Im Speiseessig (pH ca. 2,5 – 3) liegt die Essigsäure vier- bis fünfprozentig vor. Als Essigessenz (Kalklöser) mit 25 % ist sie reizend (pH ca. 2), hochkonzentriert als so genannter Eisessig wirkt sie dagegen auf die Haut, die Atemwege und die Augen ätzend.

Basen (Laugen) fangen in wässrigen Lösungen vorhandene Protonen ein. Sie setzen damit deren Konzentration herab und heben so den pH-Wert an. Der basische Bereich erstreckt sich von größer 7 bis 14.

Der pH-Wert ist für viele Dekontaminationsprozesse von Bedeutung, beispielsweise bei der Neutralisation von ausgetretenen Säuren und Basen oder der Desinfektion des Maul- und Klauenseuche-Erregers.

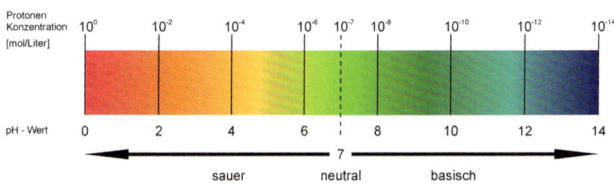

Bild 10: *Mit steigender Konzentration an Protonen (Atomkerne des Wasserstoffs) in einer wässrigen Lösung sinkt deren pH-Wert. Sie wird sauer. Mit sinkender Protonenkonzentration steigt der pH-Wert, die Lösung wird basisch.*

2 Die Dekontamination

Komplexbildung

Komplexe bestehen aus einem elektrisch geladenen Metall-Atom (Metall-Ion), das von einem oder mehreren sogenannten Liganden umgeben ist. Werden z. B. Metall-Ionen in Wasser gelöst, umgeben die Wassermoleküle das Metall-Ion wie eine Hülle, es entsteht ein Metall-Wasserkomplex.

Mit Oberflächen können Metall-Ionen sehr starke Wechselwirkungen eingehen. Sind diese stärker als die Wechselwirkung zwischen Metall-Ion und Wassermolekülen, so gibt die kontaminierte Oberfläche während eines Waschvorgangs kaum Ionen an das Wasser ab. Daher können viele Metall-Ionen durch Abwaschen mit Wasser nicht ausreichend entfernt werden.

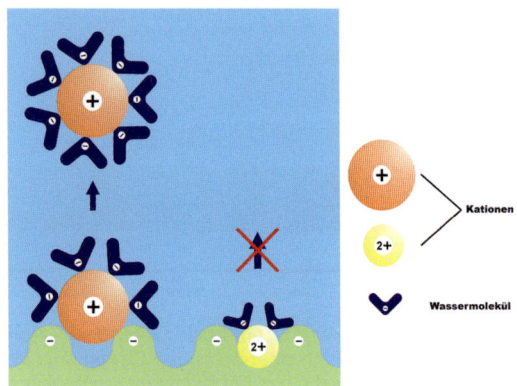

Bild 11: *Wasser ist nicht in der Lage, alle Metall-Ionen zuverlässig von Oberflächen zu entfernen und in der Lösung zu komplexieren.*

2.4 Chemische Dekontaminationsverfahren

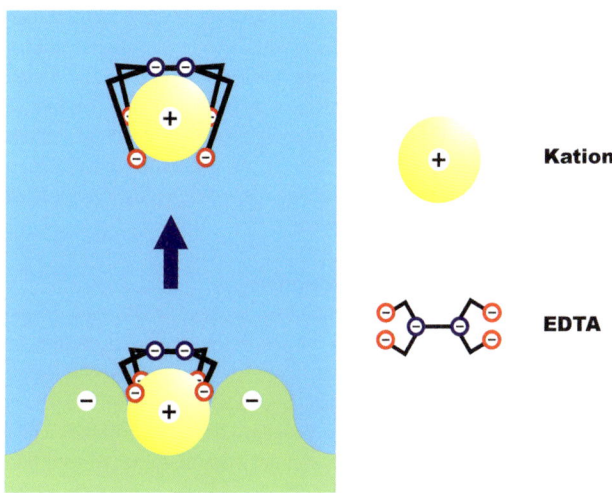

Bild 12: *Durch Zugabe von Komplexbildnern (hier EDTA) können auch fest anhaftende Metall-Ionen von Oberflächen entfernt werden.*

Um dennoch einen Dekontaminationserfolg zu erzielen, muss den Metall-Ionen ein stärkerer Komplexpartner angeboten werden, der in der Lage ist, die Metall-Oberflächenwechselwirkung zu überwinden. Solche Komplexbildner sind das Natriumsalz des EDTA (Ethylendiaminotetraacetat) und die Salze der Zitronensäure. Ihre Moleküle können ein Metall-Ion wie die Scheren eines Krebses von mehreren Seiten umgeben. Dadurch entstehen sehr stabile Komplexe (so ist der EDTA-

Komplex mit Strontium-Ionen rund vier Milliarden mal stabiler als der Strontium-Wasserkomplex), die anhaftende Metall-Ionen von der Oberfläche ablösen können. Da die Metall-EDTA- bzw. Citrat-Komplexe wasserlöslich sind, können sie mit einer Tensid-Wasserlösung abgespült werden. Die Komplexbildung ist besonders für die Entstrahlung von Bedeutung, da A-Kontaminationen meist durch radioaktive Metall-Ionen hervorgerufen werden.

Hydrolyse von Gefahrstoffen
Viele chemische Verbindungen werden in wässriger Lösung durch die Umsetzung mit Wassermolekülen abgebaut. Bei dieser als Hydrolyse bezeichneten Reaktion kommt es zur Aufspaltung chemischer Bindungen unter Einfügung von Wassermolekülen. Diese Reaktion kann unterschiedlich schnell ablaufen. So wird in Wasser gelöstes Parathion (Wirkstoff des Insektizids E 605®, das noch als »Altlast« anzutreffen ist) bei einem pH-Wert von 7 mit einer Halbwertzeit von 99 Tagen hydrolysiert. Erhöht man den pH-Wert durch Zugabe einer Base (z. B. Soda) auf 10, hydrolysiert Parathion innerhalb von Minuten.

Probleme stellen lipophile Stoffe dar, die sich nur schlecht in Wasser lösen und Tropfen mit möglichst kleiner Oberfläche bilden. Um eine vollständige Umsetzung zu erreichen, müssen die Schadstofftropfen in der wässrigen Lösung durch mechanische Energie (Rühren) oder Erhitzen des Wassers fein verteilt (dispergiert) werden. Dadurch vergrößert sich die Grenzfläche zum Wasser an der die Hydrolyse stattfinden kann, was zu einer Zunahme der Reaktionsgeschwindigkeit führt.

2.4 Chemische Dekontaminationsverfahren

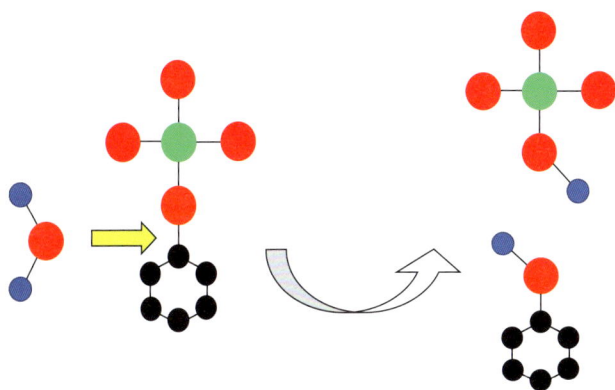

Bild 13: *Hydrolyse des Parathion durch Einfügen eines Wassermoleküls*

Dekontamination durch Oxidation

Bei der oxidativen Dekontamination erfolgt die Übertragung von Sauerstoff oder Chlor von einem Oxidationsmittel auf einen Krankheitserreger oder ein Schadstoffmolekül. Dadurch lassen sich Bakterien und Viren inaktivieren sowie Giftstoffe zu weniger toxischen Substanzen umsetzen.

Werden starke Oxidationsmittel (z. B. die Hypochlorite) direkt zur Dekontamination organischer Verbindungen eingesetzt, kann es zu sehr heftigen Reaktionen kommen! Daher sollten Oxidationsmittel immer als wässrige Lösungen eingesetzt werden, in denen das Wasser die freiwerdende Reaktionswärme aufnimmt. Oxidierende Dekontaminationsmittel können zu Korrosionsschäden an Aggregaten und den behandelten Oberflächen führen. Sie dürfen deshalb nicht in Wasserdurchlauferhitzer oder Hochdruckreiniger gelangen. Benutzte Aggregate, Armaturen und Schläuche sind nach jedem Einsatz gründlich mit Wasser zu spülen.

Oxidationsreaktionen führen zur Bildung von Nebenprodukten, die ebenfalls toxische Eigenschaften aufweisen können. Das beschränkt die Anwendung bei chemischen Gefahrstoffen auf besondere Dekontaminationssituationen, z. B. die Umsetzung chemischer Kampfstoffe. Das Verhältnis der beabsichtigten Wirkung zu dem ggf. eintretenden Umweltschaden ist immer abzuwägen. In der Desinfektion werden oxidierende Mittel, wie die Peressigsäure, dagegen in großem Umfang verwendet.

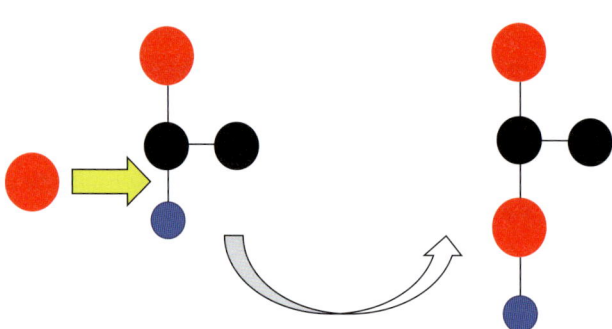

Bild 14: *Oxidation eines Schadstoff-Moleküls durch Anlagerung eines Sauerstoff-Atoms*

2.4 Chemische Dekontaminationsverfahren

Einen Sonderfall der oxidativen Dekontamination stellt das Verbrennen dar. Hierbei werden chemische und biologische Gefahrstoffe thermisch umgesetzt. Bei nicht sachgemäßer Prozessführung entsteht, neben verdampften unverbrannten Schadstoffen, eine Vielzahl teils toxischer Abbauprodukte. Daher ist die Anwendung der thermischen Umsetzung auf entsprechende Sondermüll-Verbrennungsanlagen beschränkt. Die Verbrennung hat keinen Einfluss auf den radioaktiven Zerfall.

Verwendung von Desinfektionsmitteln

In der Gefahrenabwehr wird die Desinfektion unter Nutzung chemischer Desinfektionsmittel durchgeführt. Die aktiven Komponenten der Desinfektionsmittel (zumeist Peressigsäure, Aldehyde, Alkohole oder organische Säuren) führen über die Einwirkung auf die Zellstruktur oder den Stoffwechsel eines Erregers zu dessen Inaktivierung. Neben den im Rettungsdienst eingesetzten relativ milden Desinfektionsmitteln auf Alkoholbasis kommen in der Gefahrenabwehr Ameisensäurepräparate für die Tierseuchenbekämpfung und die Peressigsäure zur Anwendung. Peressigsäure besitzt ein breites Wirkspektrum gegen Bakterien, Sporen und Viren und ist auch bei tieferen Temperaturen einsetzbar. Aufgrund ihrer Korrosivität erfolgt der Einsatz zur Fahrzeug- und Gerätedesinfektion in Form eines Kombipräparats zusammen mit einer Base. Bei der Desinfektion ist die Eignung des Desinfektionsmittels für den zu bekämpfenden Erreger wesentlich. Ferner ist das Ansetzen der Desinfektionslösung in der vorgeschriebenen Konzentration und die Einhaltung der vorgegebenen Einwirkzeit zu beachten.

2 Die Dekontamination

2.5 Kombinationen physikalischer und chemischer Dekontaminationsverfahren

Physikalische und chemische Dekontaminationsverfahren haben für sich allein spezifische Vor- und Nachteile. Die im Feuerwehreinsatz nutzbaren physikalischen Verfahren lösen Gefahrstoffe gut von Oberflächen, können sie aber nicht umsetzen. Die chemischen Verfahren reagieren mit Substanzen, können sie aber häufig nicht von Oberflächen lösen. Um die jeweiligen Nachteile zu kompensieren, werden physikalische und chemische Dekontaminationsverfahren häufig kombiniert.

Lösen und Komplexieren
Um radioaktive Kontaminationen effektiv von betroffenen Oberflächen zu entfernen, wird eine Kombination aus Netzmitteln und Komplexbildnern in wässriger Lösung eingesetzt. Entstrahlungslösungen lösen radioaktive Metall-Ionen durch Bindung in stabile wasserlösliche Komplexe von einer kontaminierten Oberfläche. Diese können dann, unterstützt durch die schmutzlösenden Eigenschaften des Netzmittels, abgewaschen werden.

Dekontaminationsschäume
Schäume bestehen aus dünnen Flüssigkeitslamellen, in die ein Gas, z. B. Luft eingelagert ist. Dazu werden Tenside benötigt, die durch Herabsetzen der Oberflächenspannung der Flüssigkeit es dieser ermöglichen, Luftblasen einzuschließen. Da Schäume mit einer bestimmten Halbwertzeit zerfallen,

2.5 Kombinationen von Dekontaminationsverfahren

kommt es permanent zu Bewegungen innerhalb der Flüssigkeit. Durch den Zerfall des Schaums und die damit verbundene Bewegung innerhalb der Dekontaminationslösung wird die kontaminierte Oberfläche immer wieder mit unverbrauchtem Dekontaminationsmittel in Berührung gebracht. Das führt, zusammen mit der verbesserten Anhaftung auf glatten Oberflächen, zu einem deutlich verringerten Verbrauch an Dekontaminationslösung.

Schäume bieten einen weiteren Vorteil: Bereits behandelte Flächen sind auch dann deutlich von unbehandelten zu unterscheiden, wenn diese bereits durch die Vorreinigung oder Niederschläge angefeuchtet sind.

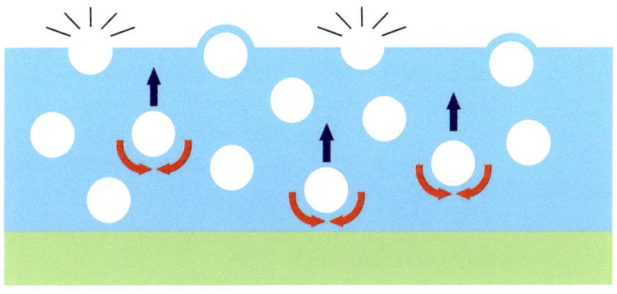

Bild 15: *Der Zerfall des Schaums bewirkt eine ständige Bewegung in der Flüssigkeit.*

Hautdekontaminationsmittel

Diese bestehen aus einem hautfreundlichen Lösungsmittel (i. d. R. PEG 400), das organische Gefahrstoffe von der Körperoberfläche entfernt und einem dekontaminierenden Agens, das die Gefahrstoffe zu ungefährlicheren Substanzen umsetzt. Damit wird eine erneute Kontamination durch sich im Lösungsmittel anreichernden Schadstoff verhindert. Das Dekontaminationsmittel wird nach einer festgelegten Einwirkzeit mit Wasser von der Haut abgewaschen.

2.6 Ausbringen von Dekontaminationsmitteln

Abhängig vom Dekontaminationsauftrag (Dekontamination von Menschen, Geräten, Fahrzeugen oder Infrastruktur) kommen verschiedene Ausbringungsverfahren zur Anwendung. Müssen stark verschmutzte Flächen dekontaminiert werden, sind diese vorzureinigen, um eine Abschirmung des Schadstoffs gegen das Dekontaminationsmittel durch anhaftenden Schmutz zu verhindern. Bei allen Verfahren wird, nach Ablauf der vorgeschriebenen Einwirkzeit, die Desinfektionslösung durch Abspülen mit viel Wasser entfernt.

Sprühdekontamination
Große Oberflächen, z. B. von Kraftfahrzeugen werden durch Einsprühen mit dem Dekontaminationsmittel belegt. Die zu dekontaminierenden Oberflächen sollten lückenlos und gleichmäßig so besprüht werden, dass von ihnen möglichst keine Dekontaminationslösung abtropft. Eine Aerosolbildung des Gefahrstoffs wird durch einen entsprechenden Abstand zwischen Sprühdüse und Oberfläche und einem möglichst

2.6 Ausbringen von Dekontaminationsmitteln

geringen Druck beim Ausbringen der Dekontaminationslösung verhindert.

Wisch- und Scheuerdekontamination
Mit diesem Verfahren werden besonders glatte Oberflächen der Innenräume von Kraftfahrzeugen und empfindliche Kleingeräte dekontaminiert. Hierbei wird die Dekontaminationslösung mit Schrubbern, Bürsten oder Wischlappen aufgetragen und verteilt. Die Bewegung der Lösung sorgt für den ständigen Kontakt mit unverbrauchtem Dekontaminationsmittel. Dabei ist sicherzustellen, dass während der gesamten Einwirkzeit ein Flüssigkeitsfilm die behandelten Flächen bedeckt. Bei niedrigen Außentemperaturen kann durch Nutzung der Fahrzeugheizung eine für die Dekontamination günstige Raumtemperatur erreicht werden.

Aerosol-/Gasdekontamination
In kontaminierten Innenräumen können dazu geeignete Dekontaminationsmittel durch einen Gasentwickler oder Aerosolerzeuger freigesetzt werden. Der Vorteil liegt darin, dass die Aerosole auch schwer zugängliche Stellen eine lückenlose Belegung ermöglichen. Dieses Verfahren ist besonders für die Desinfektion von Gebäudeinnenräumen geeignet.

Tauch- oder Einlegedekontamination
Die Dekontamination unempfindlicher Ausrüstung und Bekleidung kann durch Einlegen der kontaminierten Gegenstände in Dekontaminationslösungen erfolgen. Dabei ist darauf zu achten, dass die kontaminierten Gegenstände vollständig in die

Dekontaminationslösung eintauchen. Durch das Bewegen der Lösung, z. B. Umwälzung mit einer Tauchpumpe, wird sichergestellt, dass die Dekontaminationsmittelkonzentration über den Oberflächen konstant bleibt. Bei einem größeren Durchsatz an Geräten muss die Dekontaminationsmittellösung regelmäßig erneuert werden.

2.7 Ansetzen von Dekontaminationsmittellösungen

Nur selten können Dekontaminationsmittel direkt aufgebracht werden. Meist ist eine Verdünnung mit Wasser erforderlich, um eine gebrauchsfertige Lösung zu erhalten. Um eine ausreichende Wirksamkeit zu gewährleisten, ist das korrekte Ansetzen der Dekontaminationsmittellösung sicherzustellen. Werden nur Konzentrationen der Dekontaminationsmittel vorgegeben, muss der Anwender die Mengen zum Ansetzen einer Lösung selbst berechnen. Dazu kann folgende Formel angewendet werden:

$$\text{Benötigte Menge Dekontaminationsmittel (Liter)} = \frac{\text{Benötigte Menge der Dekontaminationslösung (Liter)} \times \text{Benötigte Konzentration der Dekontaminationslösung (\%)}}{\text{Konzentration des vorhandenen Dekontaminationsmittels (\%)}}$$

2.7 Ansetzen von Dekontaminationsmittellösungen

Beispiel: Für eine Desinfektion werden 1000 Liter einer 1 %igen Ameisensäurelösung benötigt. Eine 40-prozentige Ameisensäure liegt als Dekontaminationsmittel vor.

$$\frac{(1000\ \textit{Liter} \times 1\ \%\ \textit{Lösung})}{40\ \%} = 25\ \textit{Liter Ameisensäure}$$

Es müssen also 25 Liter der 40-prozentigen Ameisensäure mit 975 Liter Wasser gemischt werden, um 1 000 Liter einer einprozentigen Ameisensäurelösung zu erhalten. In der Praxis wird die genaue Literangabe des Wassers kaum exakt eingehalten werden können. Abweichungen von bis zu 25 Litern Wasser sind bei diesen Mengen aber tolerabel. Die Zumischung kann grundsätzlich auf zwei Arten erfolgen:

- Flüssige Dekontaminationsmittel werden im Tank vorgelegt, und der Tank dann mit Wasser aufgefüllt.
- Zum Zumischen von Feststoffen muss der Tank zuerst mit Wasser gefüllt werden. Das Dekontaminationsmittel wird in einem Eimer mit Wasser aufgeschlämmt und dann (optimal über den Sauganschluss der Pumpe) in einem Kreislauf zugemischt.

Wichtig ist die gleichmäßige Durchmischung der Dekontaminationslösung. Hierzu ist der Tankinhalt für zehn Minuten umzuwälzen.

2 Die Dekontamination

Bild 16: *Ansetzen einer Dekontaminationslösung (Foto: Klaus Ehrmann)*

2.8 Kriterien für die Auswahl von Dekontaminationsverfahren

Bei der Auswahl eines Dekontaminationsverfahrens müssen folgende Kriterien berücksichtigt werden:
- Muss die Dekontamination aktiv erfolgen (bei betroffenen Personen immer) oder ist eine passive Dekonta-

2.8 Kriterien für die Auswahl

mination durch Verdunstung, natürlichen Zerfall radioaktiver Stoffe und andere Umweltfaktoren möglich?
- Die Auswahl der Dekontaminationsverfahren und -mittel muss die Beschaffenheit der kontaminierten Oberflächen berücksichtigen. Dabei kann unterschieden werden zwischen:
    - Personen,
    - Material mit großen Oberflächen, z. B. die Außenflächen von Fahrzeugen,
    - Innenräumen von Fahrzeugen und Gebäuden,
    - Textilien und Schutzbekleidung,
    - dekontaminationsbeständigen Kleingeräten,
    - gegen Dekontaminationsmittel empfindlichem Gerät und
    - Gebäuden, Verkehrsflächen und Gelände.
- Welches (nutzbare) Verfahren ist zur Beseitigung bzw. Verringerung der vorliegenden Kontamination ausreichend wirksam?
- Muss mit Korrosionsschäden durch das Dekontaminationsmittel an den Einsatzmitteln, als auch an den zu dekontaminierenden Oberflächen gerechnet werden?
- Ist eine Weiternutzung des Materials nach der Dekontamination möglich oder ist absehbar, dass nur eine Entsorgung erfolgen kann?
- Besteht die Gefahr einer unkontrollierten Kontaminationsverschleppung durch die Dekontaminationsmaßnahmen, in welchem Umfang fallen Dekontaminationsabfälle an?

2 Die Dekontamination

- Steht der Aufwand in einem vertretbaren Verhältnis zum Nutzen?

Letztlich wird die Auswahl der Dekontaminationsverfahren von der zur Verfügung stehenden Zeit und der vorhandenen Ausrüstung abhängen. Dabei kann ein zweistufiges Vorgehen sinnvoll sein:

1. Grobdekontamination gemäß FwDV 500 an der Einsatzstelle zur Vermeidung einer weiteren Schädigung und zum Herstellen der Transportfähigkeit.
2. Gründliche Dekontamination in Absprache mit der zuständigen Behörde mit dem Ziel der Freigabe für die weitere Nutzung.

3 Dekontamination radioaktiver Substanzen

3.1 Die Gefährdung durch radioaktive Kontaminationen

Atome mit einem instabilen Atomkern (Radionuklide) können sich durch Ausstoßen von Teilchen aus ihrem Kern unter Energieabgabe umwandeln. Die dabei abgegebenen Teilchen und die ausgesandte elektromagnetische Energie werden als Kernstrahlung zusammengefasst. Für den Strahlenschutz im Rahmen von Feuerwehreinsätzen sind besonders die Alpha-, die Beta- und die Gammastrahlung von Bedeutung, deren Eigenschaften in der folgenden Tabelle aufgelistet sind.

Tabelle 2: *Arten radioaktiver Strahlung und ihre Eigenschaften*

Strahlenart	Reichweite in Luft	Abschirmung
Alpha	< 6 cm	Papier, Bekleidung
Beta	Meter-Bereich	4 mm starkes Aluminiumblech
Gamma	Kilometer-Bereich	nur Abschwächung möglich

Eine für die Dekontamination wichtige Größe stellt die Halbwertzeit dar. Innerhalb dieser für jedes Nuklid charakteristi-

3 Dekontamination radioaktiver Substanzen

schen Zeitspanne wandelt sich die Hälfte seiner Atomkerne um. Beispielsweise beträgt die Halbwertzeit von Iod-131 acht Tage, die des Strontium-90 28,5 Jahre und die des Uran-238 4,5 Milliarden Jahre. Die Zerfallsgeschwindigkeit kann weder durch physikalische noch durch chemische Vorgänge beeinflusst werden. Das bedeutet, dass ein Gramm Jod-131 (das sind immerhin $4,6 \times 10^{21}$ Atome) in acht Tagen zur Hälfte zerfällt. Da damit nur noch die Hälfte der ursprünglichen Jod-131-Atomkerne vorhanden ist, verringert sich auch die von diesem Nuklid ausgesandte Kernstrahlung in dieser Zeitspanne um die Hälfte.

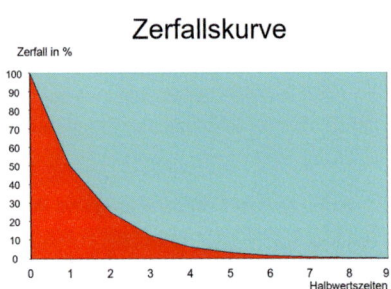

Bild 17: *Abnahme der Kernstrahlungsintensität aufgrund der Halbwertzeit*

Die Zerfälle pro Zeiteinheit werden als Aktivität bezeichnet. Als Maßeinheit ist das Becquerel (Bq) festgelegt, welches die Anzahl der zerfallenden Atomkerne innerhalb einer Sekunde angibt. Die Oberflächenaktivität wird in Bq/cm^2 angegeben.

3.1 Die Gefährdung durch radioaktive Kontaminationen

Trifft die von einer Strahlenquelle ausgehende Kernstrahlung auf Materie, gibt sie Energie an diese ab. Die von der Materie aufgenommene Energie wird als Energiedosis in der Maßeinheit Gray [J/Kg] (Gy) gemessen. Die Energiedosisleistung gibt die Energieaufnahme bezogen auf eine Zeiteinheit wieder. Die Einheit ist Gray pro Stunde (Gy/h).

Die aufgenommene Energiedosis sagt aber noch nichts über die schädigende Wirkung auf den Körper aus. Um sie bewerten zu können, muss die unterschiedliche biologische Wirkung der verschiedenen Strahlenarten berücksichtigt werden. Durch Multiplikation der Energiedosis mit dem biologischen Strahlungs-Wichtungsfaktor erhält man die Equivalentdosis, die in Sievert (Sv) angegeben wird.

Die mit einer radioaktiven Kontamination verbundene Gefährdung resultiert aus den im menschlichen Gewebe durch die ionisierende Strahlung ausgelösten Schäden, die von Zellveränderungen bis hin zum Zelltod führen. Die Alpha-Strahlung stellt als Kontamination keine direkte Gefährdung dar, da sie aufgrund ihrer geringen Reichweite die obere Hautschicht nicht durchdringen kann. Dagegen verursacht sie nach einer Inkorporation eine erhebliche Schädigung des Organismus und erhält daher den größten Strahlungs-Wichtungsfaktor (20). Die Betastrahlung kann bei einer Kontamination der Haut zu verbrennungsähnlichen Verletzungen führen. Ihre Wirkung im Körper ist aber nicht so stark wie die der Alphastrahlung, was durch einen Strahlungs-Wichtungsfaktor von 1 wiedergegeben wird. Die Gamma-Strahlung durchdringt den menschlichen Körper, wobei getroffene Zellen geschädigt werden können. Auch sie besitzt einen Strahlungs-Wichtungsfaktor 1.

3 Dekontamination radioaktiver Substanzen

Da die Auswirkung ionisierender Strahlung auf den Menschen von der aufgenommenen Dosis abhängt, wurden für die Feuerwehr zur Begrenzung der Strahlenbelastung in der FwDV 500 Dosisrichtwerte festgelegt.

Tabelle 3: *Dosisrichtwerte und akute Folgen einer Ganzkörperbestrahlung (mit der Neufassung der FwDV 500 wird Dosisrichtwert durch Referenzwert ersetzt. Die Höhe der zulässigen Dosisbelastung wird sich jedoch nur geringfügig ändern).*

Dosis	Dosisrichtwerte nach FwDV 500 bzw. physiologische Folge
15 mSv	Dosisrichtwert in einem Einsatz zum Schutz von Sachwerten, z. B. zur Dekontamination
100 mSv	Dosisrichtwert zur Abwendung einer besonderen Gefahr, gleichzeitig max. Jahresdosis
250 mSv	Dosisrichtwert zur Menschenrettung, gleichzeitig maximale »Lebensdosis« im Feuerwehrdienst
250 mSv	Einmalig aufgenommen kommt es zu einer kurzzeitigen Veränderung des Blutbilds
1 Sv	Auftreten einer vorübergehenden Strahlenkrankheit (bei Aufnahme einer Ganzkörperdosis)
4 Sv	Auftreten einer schweren Strahlenkrankheit, unbehandelt muss mit dem Tod von ca. 50 % der Geschädigten gerechnet werden

Die Equivalentdosis pro Stunde (Sv/h) ist die in der Feuerwehr gebräuchliche Messgröße für die Dosisleistung.

3.2 Dekontamination

Da sich der radioaktive Zerfall nicht beeinflussen lässt, ist eine Dekontamination lediglich durch das Entfernen des strahlenden Materials von einer Oberfläche möglich. Die Radioaktivität wird dadurch nicht »vernichtet«, sondern nur in Bereiche verlagert, in denen sie keine akute Gefährdung darstellt. Bei kurzlebigen Nukliden ist abzuwägen, ob die Aktivität nach mehreren Halbwertzeiten nicht so weit abgesunken ist, dass sich eine Dekontamination erübrigt.

Radioaktive Kontaminationen können durch an Staub gebundene oder in Flüssigkeiten gelöste Radionuklide hervorgerufen werden. Nachdem sie sich auf einer Oberfläche niedergeschlagen haben, können sich diese durch Adhäsion darauf anlagern. Radionuklide liegen in einer Kontamination meist als elektrisch geladene Ionen vor. Sie können mit entgegen gesetzten Ladungen auf Oberflächen in Wechselwirkung treten, was zu einer Adsorption führt. In Wasser gelöst ist eine Bindung an der Oberfläche durch Ionenaustausch möglich. Durch Kapillar-Effekte können sie bei porösen Oberflächen mit der Flüssigkeit in tiefere Materialschichten wandern. Die Gefahr der Desorption ist unter den Bedingungen des Feuerwehreinsatzes eher zu vernachlässigen.

Durch Neutronenbeschuss werden Atomkerne bestimmter Elemente, z. B. Mangan, Kobalt und Natrium, selbst zu Strahlern. Die von diesen aktivierten Materialien ausgehende Kernstrahlung lässt sich durch eine Dekontamination nicht verringern.

3 Dekontamination radioaktiver Substanzen

Dekontamination der Körperoberfläche

Die Personendekontamination beginnt mit dem vorsichtigen Ablegen kontaminationsverdächtiger Bekleidung. Dadurch wird bereits ein Großteil der Kontamination entfernt und die Kontaminationsverschleppung auf die Körperoberfläche unterbunden. Anschließend werden die Intensität und die Ausdehnung der Kontamination ermittelt. Das Ergebnis ist zu protokollieren.

Durch das Ablegen der Oberbekleidung vor der Kontaminationskontrolle wird das Risiko der Kontamination/Inkorporation während der Kontrolle verringert. Außerdem wird so vermieden, dass die Oberbekleidung den Gefahrenbereich ohne Freigabe durch eine Fachbehörde verlässt.

Bei der Dekontamination der Körperoberfläche muss so schonend wie möglich vorgegangen werden, um keine Inkorporation hervorzurufen. Die kontaminierten Hautpartien werden mit lauwarmem Wasser und pH-neutraler Seife abgewaschen. Der Waschvorgang kann mit einem Schwamm unterstützt werden, wobei darauf zu achten ist, dass nur in eine Richtung gearbeitet wird. Kreisen oder Hin- und Herschrubben muss vermieden werden. Danach wird die betroffene Hautstelle mit viel lauwarmem Wasser abgespült. Beim Waschen und Spülen ist so vorzugehen, dass die Waschlösung den kürzesten Weg über den Körper nimmt. Der Waschvorgang kann bis zu dreimal wiederholt werden, ist aber zu beenden, falls die Haut Reizerscheinungen oder Läsionen zeigt. Staubförmige Kontaminationen der Haut lassen sich so gut entfernen. Radionuklide, die an die Haut adsorbiert werden, bleiben aber auch nach wiederholter Waschung als Restkontamination zurück. Allerdings kann davon ausgegangen werden, dass

3.2 Dekontamination

diese keine akute Gefahr der Kontaminationsverschleppung oder Inkorporation mehr darstellen.

Die Dekontamination der Haare erfolgt durch mindestens fünfminütiges Waschen mit einem Shampoo bei nach hinten geneigtem Kopf, um den Abfluss der Waschlösung über das Gesicht zu vermeiden. Augen und Ohren sind gegen ein Eindringen von Flüssigkeiten zu schützen. Kontaminationen im Augenbereich werden mit Hilfe einer Augenspül-Lösung oder klarem Wasser von innen nach außen gespült. Durch eine Nierenschale oder einem Vliestuch ist dabei eine Kontamination des Ohres und der Haare zu verhindern.

Besteht der Verdacht einer Kontamination der Nasenschleimhäute, kann diese durch Schnäuzen minimiert werden. Die benutzten Taschentücher sind einem Kunststoffbeutel oder anderen Probengefäßen zu sammeln und so zu kennzeichnen, dass sie der betroffenen Person zugeordnet werden können. Kontaminationen des Mundraums lassen sich durch Spülen mit Wasser verringern. Auch die Spülflüssigkeit ist aufzufangen und mit der betroffenen Person dem Rettungsdienst zu übergeben.

Liegt eine allgemeine Kontamination vor, erfolgt die Dekontamination durch Duschen. Hierzu kann die Vorgabe der alten Katastrophenschutz-Dienstvorschrift 500 (»Der ABC-Zug«) angewendet werden: eine Minute lauwarm duschen, drei Minuten Einseifen mit einer pH-neutralen Seife, (mindestens) zwei Minuten abduschen. Bei der Ganzkörperdusche ist zu beachten, dass kein Wasser geschluckt wird. Um einer Kontamination der Füße vorzubeugen, müssen die Personen auf Duschrosten stehen oder Handbrausen zur Nachreinigung vorhanden sein. Für das Abtrocknen sind Einmal-Handtücher zu verwenden. Nach der Dekontamination erfolgt eine Nachkontrolle, deren Ergebnis auf dem Protokoll der Kontaminationskontrolle vermerkt wird.

Alle Maßnahmen, die über die oben beschriebenen hinausgehen, werden in der Regel nicht mehr durch die Feuerwehr durchgeführt, sondern fallen in den klinischen Bereich. Dort können spezielle Dekontaminationsmittel zur Anwendung kommen, wie Oxidantien (z. B. vierprozentige Kaliumpermanganat-Lösung) oder Komplexierungsmittel (Zitronensäure oder EDTA). Auch sollte ein Kürzen der Fingernägel oder eine Rasur nicht an der Einsatzstelle vorgenommen werden, um mögliche Hautläsionen zu vermeiden.

Dekontamination von Materialoberflächen
Da zwischen Stäuben und Oberflächen die Adhäsionskräfte zumeist nur gering sind, lassen sich staubförmige Gefahrstoffe durch physikalische Verfahren (Abwaschen, Absaugen) meistens relativ einfach entfernen, wobei jedoch die Gefahr der Kontaminationsverschleppung zu berücksichtigen ist. Beim Abwaschen besteht außerdem die Gefahr, das radioaktive Partikel in poröse Oberflächen eingeschwemmt werden.

An Verschmutzungen anhaftende Radionuklide werden durch Beseitigung des Schmutzes mit Wasser und waschaktiven Substanzen zu einem Großteil entfernt. Die Dekontamination von unempfindlichen Geräten basiert auf der verbesserten Schmutzlösekraft des erwärmten und mit Netzmittel vermischten Wassers zusammen mit der mechanischen Energie des Wasserstrahls.

Bei der Auswahl des Reinigungsmittels spielt der pH-Wert eine wichtige Rolle. Im sauren pH-Bereich (kleiner pH 7) lassen

3.2 Dekontamination

sich besonders die schlecht wasserlöslichen Oxide und Hydroxide in Lösung bringen. Der Neutralbereich bietet sich bei empfindlichen Oberflächen an. Öle, Fette und andere schwerlösliche organische Verschmutzungen werden im alkalischen pH-Bereich (größer pH 7) bevorzugt gelöst.

Die verbleibende Restkontamination ist chemisch an die Oberfläche gebunden. Um einen ausreichenden Dekontaminationserfolg zu erzielen, müssen die Bindungskräfte der radioaktiven Teilchen mit der kontaminierten Oberfläche überwunden werden. Dies kann durch den Einsatz von Komplexbildnern in Kombination mit waschaktiven Substanzen in wässriger Lösung erreicht werden. Sind Radionuklide in Form wässriger Lösungen in poröse Oberflächen, z. B. in Baustoffe (Holz, Putz, Beton) eingedrungen, können diese meist nur durch Abtragen der oberen Materialschichten entfernt werden. Durch entsprechende Schutzanstriche kann ein Eindringen kontaminierter Flüssigkeiten weitgehend verhindert werden. Verwitterte und beschädigte Oberflächen führen dagegen zu einer »verbesserten« Aufnahme. Generell gilt, dass raue Oberflächen, Korrosionsschichten und Verschmutzungen das Anhaften radioaktiver Kontaminationen begünstigen und die Dekontamination erschweren. Das gleiche gilt für fettige oder ölige Oberflächen, die vor dem Aufbringen einer Entstrahlungslösung vorgereinigt werden müssen.

3 Dekontamination radioaktiver Substanzen

3.3 Der Nachweis radioaktiver Kontaminationen

Da der Mensch die Kernstrahlung nicht durch Sinnesorgane wahrnehmen kann, werden zur Prüfung auf radioaktive Verschmutzungen Kontaminations-Nachweisgeräte benötigt.

In der Anlage 4 der Strahlenschutzverordnung sind für unterschiedliche Nuklide Grenzwerte der Oberflächenkontamination aufgeführt. Dieser Grenzwert beträgt (außerhalb eines Strahlenschutzbereiches) für Jod-131 10 Bq/cm^2 und für Caesium-137 1 Bq/cm^2. Soweit die Strahlenschutzverordnung für Radionuklide keine maximal zulässigen Oberflächenkontaminationswerte angibt, können folgende Grenzwerte der Oberflächenkontamination zugrunde gelegt werden: für Alphastrahler 0,1 Bq/cm^2, für Beta- und Gammastrahler: 1 Bq/cm^2.

Da die Strahlenschutzverordnung alle Grenzwerte einer Oberflächen-Kontamination in Becquerel angibt, die Feuerwehr aber häufig nur über Kontaminationsnachweisgeräte verfügt, die ihr Ergebnis in Impulsen pro Sekunde (Ips) angeben, wurde für den Feuerwehr-Einsatz als Grenzwert einer Kontamination die dreifache Nullrate festgelegt. Diese Festlegung erscheint willkürlich, da die Untergrundstrahlung regional großen Schwankungen unterworfen ist. Dass die Vereinfachung dennoch eine ausreichende Sicherheit bietet, soll an einem Beispiel gezeigt werden. Da die Messwerte in Ips vorliegen, muss eine Umrechnung in Becquerel/cm^2 erfolgen.

3.3 Der Nachweis radioaktiver Kontaminationen

> **Beispiel:**
>
> Während eines Einsatzes mit einer Cobalt-60-Quelle muss der Kontaminationsnachweis durchgeführt werden. Von einem Kontaminationsnachweisgerät mit 160 cm² Zählrohrfläche und einem Wirkungsgrad von 24 % für Cobalt-60 wird die Nullrate mit 11 Impulsen/Sekunde gemessen. Wie hoch ist die Aktivität, wenn die dreifache Nullrate erreicht wird?
>
> Anhand der folgenden Formel:
>
> $$\text{Oberflächenaktivität } (Bq/cm^2) = \frac{\text{Messrate } (lps) - \text{Nullrate } (lps)}{\text{Wirkungsgrad des Messgeräts in \% } (lps/Bq \times 100) \times \text{Fläche des Zählrohrfensters } (cm^2)}$$
>
> erhält man durch Einsetzen der oben genannten Zahlen die Aktivität der überprüften Oberfläche
>
> $$\frac{33 \; lps - 11 \; lps}{21 \, \% \; (lps/Bq \times 100) \times 160 \, cm^2} = 0{,}6 \; Bq/cm^2$$
>
> Die dreifache Nullrate liegt damit bei einer Aktivität von ~ 0,6 Bq/cm². Nach der Strahlenschutz-Verordnung ist für Kobalt-60 ein Grenzwert von 1 Bq/cm² zulässig.

Der Kontaminationsnachweis wird bei einer Beta-Kontamination in etwa fünf bis zehn Zentimeter Abstand von der kontaminationsverdächtigen Oberfläche durchgeführt. Um einer möglichen Kontamination des Zählrohrs vorzubeugen, kann dieses mit einer dünnen Kunststoff-Folie abgedeckt werden. Damit entfällt aber die Möglichkeit des Nachweises von Alpha-Strahlern, da die Alpha-Teilchen diese Barriere nicht durch-

3 Dekontamination radioaktiver Substanzen

dringen können. Generell ist der Nachweis von Alpha-Kontaminationen unter Einsatzbedingungen problematisch. Die Messung muss in ca. drei bis fünf Millimeter Abstand erfolgen, was nur bei ebenen Flächen, z. B. einem Arbeitstisch möglich ist. Dagegen führen Alpha-Kontaminationsmessungen an der Bekleidung von Personen leicht zur Kontamination des Messgeräts.

Bild 18: *Kontaminationsnachweis an einer Person*

3.3 Der Nachweis radioaktiver Kontaminationen

> **Merke:**
>
> Grundsätzlich kann davon ausgegangen werden, dass die nach der gründlichen Dekontamination verbliebene Restkontamination kein Risiko der Kontaminationsverschleppung oder Inkorporation mehr darstellt.

4 Dekontamination biologischer Gefahrstoffe

4.1 Die Gefährdung durch biologische Gefahrstoffe

Biologische Gefahrstoffe (in der vfdb-Richtlinie 10/02 auch als »biologische Arbeitsstoffe« bezeichnet) können durch Störfälle in Forschungseinrichtungen oder Produktionsstätten, durch Einschleppung oder durch terroristische Anschläge freigesetzt werden. Auch in der Landwirtschaft kommt es immer wieder zum Auftreten von Tierseuchen (Maul- und Klauenseuche, Schweinepest, Vogelgrippe). Zu den biologischen Gefahrstoffen zählen Krankheitserreger (Viren, Bakterien, Protozoen und Pilze), deren Vektoren (z. B. Insekten) und Toxine.

Viren, wie das Grippevirus, können keinen Stoffwechsel betreiben, sondern benötigen zur Vermehrung lebende Zellen. Sie sind empfindlich gegen Umwelteinflüsse, Temperaturen über 100°C machen die meisten Viren unschädlich. Der Erreger der Maul- und Klauenseuche wird durch Verschiebungen des pH-Werts inaktiviert.

Bakterien vermehren sich auch ohne Wirtsorganismen auf Nährböden selbständig. Sie werden durch Hitze abgetötet, ebenso durch den UV-Anteil des Sonnenlichts. Einige Bakterien, z. B. der Milzbrand-Erreger, können aber unter für sie ungünstigen Lebensbedingungen sehr widerstandsfähige Sporen bilden, die jahrelang überlebensfähig sind und eine Desinfektion erschweren.

4.1 Die Gefährdung durch biologische Gefahrstoffe

Pilze können bei Menschen, Tieren und Pflanzen Krankheiten hervorrufen. Einige Pilze, die Pflanzen und Lebensmittel befallen, produzieren giftige Stoffwechselprodukte (Mykotoxine), die zur Ungenießbarkeit führen.

Protozoen, wie der Erreger der Malaria, sind tierische Einzeller. Sie werden durch Zwischenwirte oder über die Nahrung aufgenommen.

Toxine sind durch Lebewesen gebildete, also natürliche Giftstoffe. Unter ihnen findet man hochtoxische Verbindungen, z. B. das Botulinus-Toxin. Toxine sind zum Teil sehr hitzestabil, können also durch Kochen nicht sicher zerstört werden.

Die Übertragung von Krankheitserregern erfolgt durch direkten Kontakt, durch Kontakt mit infektiösen Körpersekreten oder durch blutsaugende Insekten (Vektoren). Der Unterbrechung dieser Infektionskette durch Inaktivierung der Erreger (Desinfektion) und der Unterbindung des Kontakts mit möglichen Vektoren (Entwesung, Schlachtung, Isolierung) kommt bei der Bekämpfung einer Infektionskrankheit wesentliche Bedeutung zu. Dabei spielen Dekontaminationsmaßnahmen eine wichtige Rolle.

Die Feuerwehr führt die Desinfektion und Entwesung unter fachlicher Anleitung der Gesundheitsbehörden bzw. der Veterinärbehörden nach den geltenden Bestimmungen des Infektionsschutzgesetzes und des Tiergesundheitsgesetzes durch. Die einzusetzenden Desinfektionsmittel sowie deren Konzentration und die anzuwendenden Verfahren zur B-Dekontamination legt die zuständige Behörde fest.

Neben dem reinen Entfernen der Erreger von Oberflächen kommen in der B-Dekontamination Verfahren zum Einsatz, die Bakterien und Pilze abtöten, Viren inaktivieren und Toxine

4 Dekontamination biologischer Gefahrstoffe

zerstören (Detoxifikation). Die Desinfektion ist ein Prozess, durch den die Anzahl vermehrungsfähiger Mikroorganismen infolge Abtötung/Inaktivierung reduziert wird. Die Wirksamkeit der Dekontamination wird daran gemessen, wie viele Keime noch vermehrungsfähig bzw. pathogen (krankmachend) vorliegen. Die Feuerwehr ist mit ihrer Ausstattung in der Lage, Desinfektionsmaßnahmen in Form einer chemischen Desinfektion durchzuführen. Dabei erfolgt die Inaktivierung der Krankheitserreger durch die Wechselwirkung mit chemischen Substanzen, die deren Erbgut, Proteine oder die Umhüllung der Erreger verändern. Liegen Kontaminationen mit humanpathogenen Erregern vor, müssen die eingesetzten Desinfektionsmittel und deren Anwendung vom Robert-Koch-Institut geprüft und in die RKI-Liste aufgenommen sein. Analog müssen Desinfektionsmittel, die zur Tierseuchenbekämpfung verwendet werden sollen, in der Liste der Deutschen Veterinärmedizinischen Gesellschaft (DVG-Liste) aufgeführt sein. Neben geprüften Handelspräparaten können aufgrund behördlicher Anordnung auch Grundchemikalien wie Formaldehyd, Peressigsäure oder Ameisensäure zur Anwendung kommen.

4.2 Desinfektion

Voraussetzungen für eine zuverlässige Desinfektion
Um den Erfolg der Desinfektion zu gewährleisten, müssen folgende Parameter exakt eingehalten werden:

- Das Desinfektionsmittel muss gegen den Erreger ausreichend wirksam sein.

4.2 Desinfektion

- Die zu desinfizierenden Flächen müssen schmutz- und fettfrei sein. Nur so wird der Kontakt des Desinfektionsmittels mit dem biologischen Gefahrstoff gewährleistet und der Eiweißfehler verringert. Dieser beruht auf dem Verbrauch an Desinfektionsmittel durch die Reaktion mit organischen Schmutzpartikeln, die zusammen mit dem Erreger an der zu desinfizierende Oberfläche haften, oder diesen umhüllen. Das Desinfektionsmittel steht dadurch nicht mehr in der für eine zuverlässige Desinfektion erforderlichen Konzentration zur Verfügung.
- Desinfektionslösungen müssen in der vorgeschriebenen Konzentration angesetzt werden.
- Die vorgegebenen Einwirkzeiten müssen eingehalten werden. Während der Einwirkzeit muss die zu desinfizierende Oberfläche ständig mit dem Desinfektionsmittel in Kontakt stehen. Sonneneinstrahlung und Wind beschleunigen die Verdunstung und zwingen zur Nachbelegung mit Desinfektionslösung. Niederschläge können zur Verdünnung der Desinfektionslösung und damit zur Herabsetzung der Wirksamkeit führen.
- Unterhalb 15 °C lässt die Wirksamkeit von Aldehyden und organischen Säuren nach (Kältefehler). Liegt die Umgebungstemperatur darunter, muss die Desinfektionslösung auf 20 °C bis 30 °C angewärmt werden. Desinfektionslösungen der Peressigsäure behalten auch bei tieferen Temperaturen ihre Wirksamkeit bei.

4 Dekontamination biologischer Gefahrstoffe

4.2.1 Desinfizierende Verbindungen und ihre Eigenschaften

Peressigsäure (PES)

Die Peressigsäure ist ein starkes Oxidationsmittel. Sie wirkt desinfizierend gegenüber allen für Mensch und Tier relevanten Bakterien, Viren und bakteriellen Sporen. Aufgrund dieser Bandbreite und der schnellen Wirksamkeit, die sie auch bei Temperaturen um den Gefrierpunkt nicht verliert, eignet sich die Peressigsäure besonders zur Anwendung in der Feuerwehr. Lösungen über 0,25 % reizen die Schleimhäute und wirken korrosiv auf Metalle.

Um die Korrosivität der Peressigsäure herabzusetzen, werden für die Gerätedesinfektion häufig Mischungen mit Natronlauge eingesetzt (hierbei unbedingt die Herstellerangaben beachten).

Aldehyde

Formaldehyd und Glutaraldehyd wirken durch die Wechselwirkung mit Eiweißen lebender Zellen und durch Reaktion mit der DNA. In höheren Konzentrationen und bei ausreichend langer Einwirkzeit tötet Formaldehyd auch Bakteriensporen ab. Im Gegensatz zur Peressigsäure beeinträchtigen tiefere Temperaturen (unter 15 °C) seine Wirksamkeit. Formaldehyd steht in Verdacht, krebsauslösend zu sein.

Alkohole

Alkohole (70-prozentiger Ethanol und Isopropanol) wirken rasch keimtötend. Sporen werden durch sie jedoch nicht ab-

4.2 Desinfektion

getötet. Alkohole kommen dort zur Anwendung, wo eine schnellwirkende und oberflächenschonende Desinfektion notwendig ist, z. B. im Rettungsdienst oder bei der Hautdesinfektion. Alkoholdämpfe können zündfähige Dampfgemische bilden.

Ameisensäure
Ameisensäurehaltige Präparate werden zur Desinfektion des Erregers der Maul- und Klauenseuche eingesetzt. Aufgrund der pH-Empfindlichkeit des Virus wird dieser zuverlässig bei einem pH-Wert von 2 inaktiviert. Die Ameisensäure kann zu Reizungen der Haut und der Augen sowie bei Einatmen zur Atemwegsreizung führen. Gegenüber Metallen wirkt sie korrosiv.

Chloramin T
Aufgrund seiner bakteriziden und viruziden Wirkung ist Chloramin T breitbandig wirksam. Es ist ein weißes Pulver mit chlorartigem Geruch, das sich in den für die Desinfektion erforderlichen Konzentrationen gut mit Wasser mischen lässt. Als wässrige Lösung ist es ein relativ mildes Oxidationsmittel, das sowohl zur Desinfektion von Material als auch der Haut eingesetzt werden kann.

Die zuvor genannten Verbindungen sind wirksamer Bestandteil vieler Desinfektionsmittel. Auf Anordnung der Fachbehörde können die Grundstoffe auch direkt in der vorgegebenen Verdünnung mit Wasser eingesetzt werden.

Kalk

Ein günstiges Desinfektionsmittel zur Tierseuchenbekämpfung stellt die Kalkmilch dar. Sie wird durch Einrühren von einem Gewichtsanteil gelöschtem Kalk (Calciumhydroxid) in drei Gewichtsanteilen Wasser hergestellt. Kalkmilch eignet sich zur Desinfektion von Ställen, Zufahrtsstraßen, Tierkadavern und deren Fundstellen. Aufgrund des hohen pH-Werts kann es bei Kontakt mit der ungeschützten Haut zu Reizungen kommen.

Die folgende Tabelle gibt eine Übersicht über die in Desinfektionsmitteln enthaltenen Grundchemikalien und die Vorgaben der RKI-Liste (Stand 2017) zu deren Anwendung.

Tabelle 4: *In Desinfektionsmitteln enthaltene Grundchemikalien und deren Anwendung gemäß RKI-Liste (17. Ausgabe).*

Wirkstoff	Wäsche-Desinfektion	Flächen-Desinfektion	Haut-Desinfektion
Peressigsäure		Viren/Bakt. 2 %, 4 h Einwirkzeit	
Aldehyde	Viren/Bakt. 1,5 %, 12 h Einwirkzeit	Viren/Bakt. 3 %, 4 h Einwirkzeit	
Alkohole (iso-Propanol)			Bakterizid 70 %, 0,5 min Einwirkzeit
Chloramin T	Viren/Bakt. 1,5 %, 12 h Einwirkzeit	Viren/Bakt. 3 %, 6 h Einwirkzeit	Viren/Bakt. 2 %, 1 min Einwirkzeit

4.2 Desinfektion

4.2.2 Desinfektion der Körperoberfläche

Die Personendekontamination erfolgt durch Ablegen der Bekleidung und die Behandlung der unbedeckten Hautpartien mit dem vom Rettungsdienst vorgegebenen Desinfektionsmittel oder einer 0,2-prozentigen Peressigsäure-Lösung. Dazu wird das Desinfektionsmittel auf die betroffene Körperoberfläche aufgetragen und einmassiert. Dieser Vorgang ist zu wiederholen. Nach Ablauf der Einwirkzeit (für Peressigsäure je eine Minute) werden die betroffenen Körperstellen mit Wasser abgewaschen. Lassen sich die kontaminierten Bereiche nicht genau lokalisieren oder kann eine Kontamination der gesamten Körperoberfläche nicht ausgeschlossen werden, legen die betroffenen Personen ihre Bekleidung ab und duschen unter Verwendung einer pH-neutralen Seife. Personen, die sich ungeschützt in einer vermuteten Kontamination aufgehalten haben, sind als Ansteckungsverdächtige an den Rettungsdienst zu übergeben.

4.2.3 Desinfektion der PSA

Da die in der RKI-Liste genannten Einwirkzeiten für die Dekontamination von Einsatzkräften unter PSA nicht praktikabel sind, gibt das RKI für die Dekon P eine Dekontaminationslösung aus 2,0 % Peressigsäure (PES) mit 0,2 % Netzmittel vor. Vor dem Ablegen wird die PSA im Zuge der Vorläufigen Desinfektion unter geringem Druck mit der Lösung belegt und nach fünf Minuten Einwirkzeit mit klarem Wasser abgespült.

4 Dekontamination biologischer Gefahrstoffe

4.2.4 Verfahrensabläufe bei der Bekämpfung von Tierseuchen

Bei Unterstützungsleistungen im Zuge der Tierseuchenbekämpfung sind tierseuchenrechtlich vorgeschriebene Verfahrensabläufe bei den Desinfektionsmaßnahmen zu beachten. Die Maßnahmen werden unterschieden in die

- **Laufende Desinfektion:**
  Sie umfasst alle, nach einem Seuchenausbruch kontinuierlich durchzuführenden Desinfektionsmaßnahmen.
- **Vorläufige Desinfektion:**
  Sie wird bei solchen Krankheitserregern durchgeführt, deren Verschleppung vor der Schlussdesinfektion nicht ausgeschlossen werden kann. Darunter fallen alle Desinfektionsmaßnahmen, die noch vor der Schlussdesinfektion durchzuführen sind, z. B. die Desinfektion der PSA vor dem Ablegen im Rahmen eines B-Einsatzes.
- **Schlussdesinfektion:**
  Die Schlussdesinfektion beinhaltet die nach einem Seuchenausbruch vorgeschriebenen Reinigungs- und Desinfektionsmaßnahmen. In landwirtschaftlichen Betrieben erfolgt sie nach der Entfernung aller seuchenkranken oder verdächtigen Tiere, oder nach Feststellung der Unverdächtigkeit, sofern die Tiere im Bestand bleiben. Im Feuerwehreinsatz sind das alle Maßnahmen, die erforderlich sind, um die Freigabe der eingesetzten Ausrüstung zu ermöglichen. Beispielsweise müssen Fahrzeuge, die einen kontami-

nationsgefährdeten Bereich verlassen, eine Schlussdekontamination durchlaufen.

4.3 Nachweis des Dekontaminationserfolges

Für die Desinfektion steht momentan noch keine Nachweismethode zur Verfügung, die es an der Einsatzstelle erlaubt, eine Restkontamination mit Krankheitserregern festzustellen. Das bedeutet, dass nur Desinfektionsverfahren und -mittel angewendet werden dürfen, die eine sichere Abtötung bzw. Inaktivierung des vorliegenden Erregers gewährleisten. Für die Desinfektion kann davon ausgegangen werden, dass die durch das Robert Koch Institut (RKI) für humanpathogene Keime vorgegebenen Desinfektionsmittel und -verfahren zuverlässig wirken (analog gilt das für die Deutsche Veterinärmedizinische Gesellschaft bei der Bekämpfung von Tierseuchen) – die korrekte Anwendung vorausgesetzt. Oder, um mit einem geflügelten Wort zu sprechen: Die Sicherheit liegt im Verfahren.

Wurden gefahrstoffhaltige Desinfektionsmittel eingesetzt, muss im Rahmen der Nachbehandlung in Innenräumen überprüft werden, ob der Arbeitsplatzgrenzwert nicht überschritten wird (z. B. mit Prüfröhrchen).

5 Dekontamination chemischer Gefahren

5.1 Eigenschaften chemischer Gefahrstoffe

Chemische Schadstoffe gefährden Menschen und die Umwelt durch die Freisetzung physikalischer Kräfte (Druck, Wärmeentwicklung), durch ihre toxischen Eigenschaften und chemische Wechselwirkungen wie Verätzungen bzw. Korrosion. Sie können auf verschiedene Organe des Körpers wirken, wobei die Aufnahme über die Atemwege, die gesunde Haut, die Augenschleimhäute, über Verletzungen und den Magen-Darmtrakt möglich ist. Der Wirkungseintritt kann sofort erfolgen, z. B. bei einer Vergiftung mit Blausäure, er kann verzögert nach einer beschwerdefreien Latenzzeit eintreten, wie bei der Phosgenvergiftung, oder es können Spätschäden auftreten, etwa bei krebserzeugenden Stoffen wie dem Benzol. Die Neufassung der FwDV 500 sieht keine Maßnahmengruppen mehr vor.

Häufig weisen Gefahrstoffe neben ihrer Hauptgefahr noch weitere Gefahrenmerkmale auf. So ist das durch den Bhopal-Störfall 1984 zu trauriger Berühmtheit gelangte Methylisocyanat, neben seiner giftigen Wirkung, auch leichtentzündlich und bildet explosible Dampf-/Luftgemische. Aufgrund der veränderten sicherheitspolitischen Lage müssen auch die chemischen Kampfstoffe im Rahmen der Gefahrenabwehr betrachtet werden.

5.1 Eigenschaften chemischer Gefahrstoffe

Tabelle 5: *Zuordnung der chemischen Gefahrstoffe zur Gefahrenklasse nach der FwDV 500 »Einheiten im ABC-Einsatz«*

Gefahrenklasse	Bezeichnung	Beispiel
1	Explosive Stoffe und Gegenstände mit Explosivstoffen	Sprengstoffe, Feuerwerkskörper
2	Gasförmige Stoffe	Flüssiggas, Chlor
3	Entzündbare flüssige Stoffe	Benzin,
4	Sonstige entzündbare Stoffe	Alkalimetalle, Phosphor
5	Oxidierende Stoffe	Calciumhypochlorit
6	Giftige Stoffe	Methanol, Kaliumcyanid
8	Ätzende Stoffe	Schwefelsäure, Natronlauge
9	Verschiedene gefährliche Stoffe	Polychlorierte Biphenyle

Diese lassen sich im Wesentlichen der Gefahrenklasse 6 zuordnen. Die C-Kampfstoffe werden nach ihrer Wirkung auf den menschlichen Organismus in fünf Gruppen eingeteilt.

Nach ihrem Siedepunkt werden die Kampfstoffe als flüchtig (Siedepunkt unter 150 °C) oder sesshaft (Siedepunkt über 150 °C) eingeteilt. Kann bei flüchtigen Kampfstoffen von einer Gefährdungsdauer im Minuten- bis Stundenbereich ausgegangen werden, können sesshafte Verbindungen Tage bis Wochen eine Kontaminationsgefahr darstellen. Wiederholt trat Kampfstoffmunition aus dem Ersten und Zweiten Weltkrieg als Altlast auf. Aufgrund ihrer Beständigkeit in der Umwelt stellen das S-Lost (»Senfgas«, »Gelbkreuz«) und der arsenhaltige Reizstoff Clark 1 (Chlorarsen-Kampfstoff, Diphenylarsinchlorid) die Hauptprobleme dar.

Tabelle 6: *Einteilung der C-Kampfstoffe anhand ihrer Wirkung auf den Körper*

Kampfstoff-Gruppe	Vertreter	Bemerkung
Nervenkampfstoffe	Sarin, VX, Nowitschok	kontaminieren Oberflächen
Hautkampfstoffe	Lost (Senfgas, Gelbkreuz)	kontaminieren Oberflächen
Lungenkampfstoffe	Phosgen	flüchtig
Blutkampfstoffe	Blausäure	flüchtig
Psychokampfstoffe	BZ	fest, Einsatz unwahrscheinlich

Unter Aspekten der Dekontamination nach einer terroristischen Freisetzung sind nur die Nerven- und die Hautkampfstoffe von Bedeutung. Seit dem Anschlag in Tokio 1995 ist besonders der Nervenkampfstoff Sarin ins Bewusstsein gerückt. Diese Verbindung vereint eine hohe Toxizität mit einer relativ einfachen Synthese. Daneben eignen sich für terroristische Anschläge Verbindungen wie Insektizide, aber auch

5.1 Eigenschaften chemischer Gefahrstoffe

Vorprodukte, z. B. aus der Kunststoffproduktion bis hin zu Sonderabfällen, wie dioxinverunreinigte Rückstände. Dabei muss nicht immer die akut toxische Wirkung im Vordergrund stehen. Häufig ist die öffentliche Aufmerksamkeit das Ziel, die dann Dekontaminations- und Sanierungsmaßnahmen in einem rational nicht immer gerechtfertigten Aufwand fordert.

Neben der gesundheitlichen Schädigung von Menschen und der Beeinträchtigung der Umwelt können chemische Gefahrstoffe auch Korrosionsschäden an Geräten und der Infrastruktur hervorrufen. Unter dem Gesichtspunkt, dass zum Auftrag der Feuerwehr auch der Erhalt von Sachwerten zählt, muss die Dekontamination von Gegenständen ebenfalls berücksichtigt werden.

Als Maßstab für die Gefährlichkeit chemischer Verbindungen können die folgenden Kennzahlen herangezogen werden.

- Die Gefährlichkeit einer brennbaren Flüssigkeit lässt sich anhand des Flammpunktes und der unteren Explosionsgrenze (UEG) abschätzen.
- Die Giftigkeit einer Substanz kann mittels des Arbeitsplatz-Grenzwert (AGW) abgeschätzt werden. Der AGW eignet sich bei der Bewertung von Kontaminationen besser als beispielsweise der ETW, da er auf einen längeren Zeitraum bezogen ist.
- Die Gefährlichkeit einer Säure oder Base (Lauge) wird neben der Säuren- bzw. Basenstärke durch ihre Konzentration bestimmt. Je weiter der pH-Wert einer Flüssigkeit vom Neutralpunkt (pH 7) entfernt ist, umso höher konzentriert ist sie.

5 Dekontamination chemischer Gefahren

- Die Gefährdung der Umwelt lässt sich anhand der Wassergefährdungsklasse (WGK) einer Substanz abschätzen. Die Eingruppierung findet aufgrund einer Gewichtung der Parameter Umwelttoxizität, biologische Abbaubarkeit und Mobilität in der Umwelt statt.

Tabelle 7: *Wassergefährdungsklassen (WGK)*

WGK	Gefährdung	Beispiel
1	schwach wassergefährdend	Natriumcarbonat
2	wassergefährdend	Heizöl
3	stark wassergefährdend	Tetrachlorethylen

Aus der Eingruppierung lassen sich Schlüsse für die erforderlichen Einsatzmaßnahmen ziehen. Ist eine Abgabe von mit einer WGK 1-Substanz kontaminiertem Abwasser als einprozentige Lösung zulässig, dürfen mit WGK 2-Substanzen kontaminierte wässrige Lösungen nur stark verdünnt (0,3-prozentig) in die Kanalisation eingeleitet werden. Im Falle der Verschmutzung mit einem Schadstoff der WGK 3 ist ein Auffangen anfallender Abwässer erforderlich. In jedem Fall sind schnellstmöglich die zuständige Behörde und betroffene Kläranlagen zu informieren.

5.2 Die Dekontamination chemischer Gefahrstoffe

Bei chemischen Gefahrstoffen kann eine Dekontamination durch Entfernen von der Oberfläche oder durch eine chemische Umsetzung in weniger gefährliche Produkte erfolgen. Abhängig von ihren chemischen Eigenschaften können sich Substanzen an Oberflächen anlagern, mit ihnen reagieren oder durch Diffusionsprozesse in sie eindringen. Viele toxische Verbindungen behalten ihre giftige Wirkung auch nach der Wechselwirkung mit einem anderen Stoff, etwa dem Lack eines Fahrzeugs.

Lösungsmittel, z. B. Tetrachlorethylen, können Lacke und Kunststoffe anlösen und in sie eindringen. Auch Kampfstoffe, wie der Hautkampfstoff S-Lost, besitzen Lösungsmitteleigenschaften oder können mit Lösungsmitteln gemischt sein, um Materialien besser zu durchdringen. Wesentlich bei der Entscheidung über eine Dekontamination ist die Flüchtigkeit einer Substanz. Verallgemeinert kann davon ausgegangen werden, dass Verbindungen mit einem Siedepunkt unter 65 °C (Niedrigsieder) keine Gerätedekontamination erfordern. Die passive Dekontamination durch Lüften ist ausreichend, um sie sicher zu entfernen.

Dekontamination der Körperoberfläche

Im Gegensatz zu den radioaktiven und biologischen Gefahrstoffen können chemische Substanzen einen schnellen Wirkungseintritt hervorrufen. Ätzende und reizende Verbindungen beginnen innerhalb von Sekunden nach dem Kontakt mit

5 Dekontamination chemischer Gefahren

der Körperoberfläche diese zu schädigen. Bei chemischen Gefahrstoffen kann als Faustformel davon ausgegangen werden, dass Säuren und Laugen sowie Reizstoffe, welche die oberen Atemwege angreifen, wasserlöslich sind. Da der Kontakt mit ihnen sehr schmerzhaft ist und die benetzte Haut weiter geschädigt wird, ist eine sofortige Dekontamination erforderlich. Sie muss schnellstmöglich durch Entfernen der kontaminierten Kleidung und dem Abwaschen der betroffenen Körperoberfläche mit viel Wasser erfolgen. Diese ohne großen Zeitbedarf realisierbaren Maßnahmen sind (aus eigener Erfahrung) in enger Abstimmung mit dem Rettungsdienst u.U. noch vor der medizinischen Erstversorgung zu treffen.

Ist der Schadstoff bekannt und stehen die entsprechenden Dekontaminationsmittel zur Verfügung, so sind diese dem Wasser beizugeben, falls sie nicht schon als fertige Lösungen verwendet werden. Oxidierende Stoffe, wie Brom, lassen sich durch eine dreiprozentige Natriumthiosulfat-Lösung reduzieren. Nach dem Kontakt mit Flusssäure kann 1 % Calciumgluconat-Lösung zum Spülen der betroffenen Hautpartien verwendet werden.

Hydrophobe Verbindungen führen nach dem Hautkontakt im Allgemeinen erst zu einer verzögerten Wirkung innerhalb von Minuten bis Stunden. Das bedeutet aber nicht, dass auch die Inkorporation verzögert erfolgt. Z. B. muss die Dekontamination der Haut nach Kontakt mit dem Nervenkampfstoff Sarin innerhalb von drei Minuten erfolgen, um eine Schädigung des Körpers durch die Aufnahme des Schadstoffs zu vermeiden bzw. zu minimieren. Um die fortlaufende Inkorporation des Stoffes über die Haut bzw. inhalativ durch das Verdampfen von der Körperoberfläche und aus der Bekleidung zu unterbinden,

5.2 Die Dekontamination chemischer Gefahrstoffe

erfolgt nach dem Ablegen der kontaminierten Bekleidung das Abwaschen der betroffenen Hautpartien mit viel Wasser, dem pH-neutrale Netzmittel zugemischt werden können. Alternativ kann der Gefahrstoff mit Polyethylenglykol gelöst werden, das nach dem Auftragen mit Wasser abgewaschen wird. Das Abwaschen hydrophober Substanzen mit reinem Wasser ist nur eine Notmaßnahme, z. B. für die Dekontamination bei einem Massenanfall kontaminierter Personen.

Dekontamination von Materialoberflächen
Immer ist zu prüfen, ob die Dekontamination aktiv erfolgen muss oder passiv durch Bewittern möglich ist. Schadstoffe mit einem Siedepunkt unter 65 °C erfordern zumeist keine Dekontamination, sie können durch Lüften entfernt werden.

Fahrzeuge, unempfindliche Geräte und Infrastruktur können durch die Behandlung mit (erhitztem) Wasser unter Hochdruck und mit Netzmittelzusätzen bearbeitet werden. Dieses bei der Entstrahlung angewendete Verfahren eignet sich ebenfalls zur Beseitigung chemischer Kontaminationen. Das Entfernen schlecht wasserlöslicher Verbindungen wird durch die mechanische Energie des Hochdruckstrahls, eine erhöhte Wassertemperatur und den Zusatz von Netzmitteln wesentlich unterstützt. Das Abwaschen findet seine Grenzen jedoch dort, wo der Schadstoff in die Materialoberfläche eingedrungen ist.

Innenräume von Gebäuden oder Fahrzeugen, die mit Flüssigkeiten mit einem Siedepunkt bis etwa 150 °C kontaminiert sind, lassen sich durch Überdrucklüfter und Raumheizgeräte, wie sie im Baugewerbe Verwendung finden, dekontaminieren. Dabei ist darauf zu achten, dass Zündquellen beseitigt werden müssen, falls der zu verdampfende Stoff explosionsgefährliche

5 Dekontamination chemischer Gefahren

Atmosphäre bilden kann. In diesem Fall sind nur wassergetriebene Lüfter zulässig. Auch ist zu beachten, ob sich der Schadstoff an einer anderen Stelle wieder niederschlägt. Innenräume, die mit Stäuben kontaminiert sind, können mit geeigneten Staubsaugern (HEPA-Filter) abgesaugt werden.

Unempfindliche Geräte und Schutzanzüge lassen sich durch Einlegen in Dekontaminationslösungen reinigen. Durch Zugabe von schwachen Säuren, Basen oder Oxidationsmittel werden auch Schadstoffe umgesetzt, die mit Wasser allein nicht unschädlich gemacht werden können. Die Lösung muss dazu ständig in Bewegung gehalten werden, um die zu dekontaminierenden Oberflächen mit unverbrauchten Dekontaminationsmitteln in Kontakt zu bringen. Erkennbar anhaftende Verschmutzungen müssen zuvor durch Abbürsten mit Reinigungs-/Dekontaminationslösung entfernt werden

Bekleidung, Schutzbekleidung und unempfindliche Kleingeräte lassen sich, insofern die thermische Beständigkeit gewährleistet ist, auch durch Heißluft, Dampf oder heißes Wasser dekontaminieren. Die hohe Temperatur bewirkt, dass Schadstoffe durch die erhöhte Diffusionsgeschwindigkeit aus kontaminierten Materialien desorbieren. Der Einsatz von Dampf führt zu sehr guten Dekontaminationsergebnissen, der erhebliche apparative Aufwand beschränkt die Nutzung aber auf spezielle Anwendungsbereiche. Beispielsweise dekontaminiert die Bundeswehr Schutzanzüge des Overgarment-Typs und die persönliche Ausrüstung in einer mobilen Heißdampf-Kammer.

Die Oberflächen empfindlicher Geräte können durch Aufnehmen des Schadstoffs mit saugfähigen Materialien und anschließendem Abwaschen mit einem nassen oder lösungsmittelhaltigen Tuch dekontaminiert werden.

5.2 Die Dekontamination chemischer Gefahrstoffe

Bild 19: *Dekontamination von Gerät durch Abwischen mit einer Dekontaminationsmittel-Lösung*

Einsatz von Dekontaminationsmitteln

Säuren und Basen lassen sich durch Abwaschen mit Wasser von kontaminierten Fahrzeugen und Geräten entfernen. Saure und basische Abwässer dürfen jedoch nur innerhalb eines vorgegebenen pH-Bereichs in die Kanalisation abgegeben werden. Dieser kann regional variieren und liegt zwischen pH 6,5 und pH 9,5. Hat eine Lösung einen niedrigeren oder höheren pH-Wert, muss sie (in Abstimmung mit der zuständigen Wasserbehörde) zuvor verdünnt oder neutralisiert werden. Zum Verdünnen ist ein großer Überschuss an Wasser erforderlich (theoretisch erfordert die Änderung um einen pH-Bereich einer Säure oder Base die zehnfache Menge an Wasser).

5 Dekontamination chemischer Gefahren

Die Neutralisation erfolgt durch die Verwendung von Neutralisationsmitteln, die trocken oder in wässriger Lösung zugegeben werden können. Säuren und Laugen lassen sich durch eine Neutralisation in Wasser und Salze umsetzen.

Müssen Säuren neutralisiert werden, ist Natriumcarbonat (Soda) als Neutralisationsmittel geeignet. Natriumcarbonat hat den Vorteil, dass bei der Umsetzung mit Säuren Kohlensäure entsteht, die in Wasser und Kohlendioxid zerfällt. Die Umsetzung der Säure kann anhand der Blasenbildung durch die damit verbundene Kohlendioxid-Freisetzung verfolgt werden. Überschüssiges Natriumcarbonat lässt sich als Feststoff zusammenkehren und aufnehmen. Zurückbleibende Restmengen lassen sich aufgrund der geringen Wassergefährdung (WGK 1) verdünnen und in die Kanalisation abgeben. Die Reaktion verläuft nach dem folgenden Schema (am Beispiel der Salzsäure):

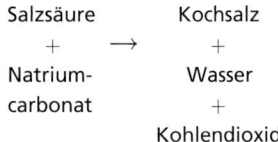

Natriumcarbonat eignet sich in zehnprozentiger wässriger Lösung auch zur Umsetzung von Estern (z. B. Buttersäureester, Phosphorsäureester) oder Pflanzenschutzmitteln auf Carbamatbasis, da diese bei pH-Werten größer neun schnell im Wasser hydrolysieren.

Flusssäure (Fluorwasserstoffsäure) kann durch Umsetzen mit einer wässrigen Lösung von gelöschtem Kalk (Calciumhy-

5.2 Die Dekontamination chemischer Gefahrstoffe

droxid) unschädlich gemacht werden. Das Fluor wird im Verlauf der Reaktion als unlösliches Calciumfluorid gebunden und stellt so keine Gefahr für die Umwelt dar. Aufgrund der Gefährlichkeit der Flusssäure ist mit geeigneter PSA zu arbeiten. Der hohe (basische) pH-Wert einer wässrigen Calciumhydroxid-Lösung ermöglicht es auch, das Ausgasen von Blausäure aus Zyanid-Lösungen durch Zugabe von Kalk zu unterbinden.

Freigesetzte Basen können mit Zitronensäure neutralisiert werden. Auch die Zitronensäure ist ein Feststoff, der sich aufkehren oder verdünnt mit Wasser wegspülen lässt.

Als Beispiel soll hier die Umsetzung der Natronlauge zu Natriumcitrat beschrieben werden:

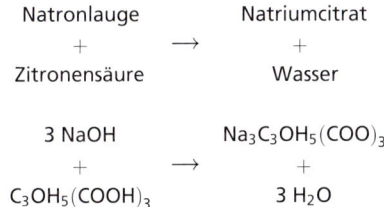

Die Zugabe von Wasser und Neutralisationsmitteln zu konzentrierten Säuren und Metalloxiden (z. B. gebrannter Kalk) kann zu sehr heftigen Reaktionen führen. Daher immer in der geeigneten PSA arbeiten.

Flüssige Gefahrstoffe lassen sich durch Bindemittel in Form von Granulaten, Bindetüchern, Würfeln usw., aufnehmen. Granulate eignen sich besonders für die Anwendung auf Verkehrsflächen. Nach dem Auftrag müssen sie durch mechani-

5 Dekontamination chemischer Gefahren

sche Bearbeitung (Besenarbeit) mit der Kontamination in Kontakt gebracht werden. Bindetücher können für eine Grobdekontamination zum Entfernen von Tropfen genutzt werden. Die von der Deutschen Vereinigung für Wasserwirtschaft, Abwasser und Abfall e.V. (DWA) herausgegebenen Arbeitsblätter M 716 »Anforderungen an Öl- und Chemikalienbindemittel« sehen folgende Klassifizierung vor:

Tabelle 8: *Einteilung der Chemikalienbindemittel nach der Eignung für unterschiedliche Gefahrstoffe*

Kennzeichnung	Substanzklassen	Beispielsubstanzen
A	saure Flüssigkeiten, z. B. Säuren	Salzsäure, Schwefelsäure
B	basische Flüssigkeiten, z. B. Laugen	Natronlauge
F	feuergefährliche, brennbare Flüssigkeiten	brennbare Flüssigkeiten (außer Niedrigsieder wie Aceton)
H	unpolare, organische, hydrophobe Flüssigkeiten	Trichlormethan
M	mit Wasser mischbare organische Flüssigkeiten	Propanol
O	oxidierende Verbindungen	Wasserstoffperoxid, Chlorbleichlauge, Peressigsäure

5.2 Die Dekontamination chemischer Gefahrstoffe

Tabelle 8: *Einteilung der Chemikalienbindemittel nach der Eignung für unterschiedliche Gefahrstoffe – Fortsetzung*

Kennzeichnung	Substanzklassen	Beispielsubstanzen
P	polare Flüssigkeiten	Gülle, Dispersionsfarbe
S	Bindemittel für spezielle Anwendungen	z. B. Mehrbereichsbindemittel zur Bindung von Ölen, Säuren und anderer flüssiger Chemikalien
»R«	Ölbindemittel zur Anwendung auf Verkehrsflächen	Zusatzkennzeichnung
W	Ölbindemittel zur Anwendung auf Gewässern	Heizöl auf einer Wasseroberfläche

Um als Bindemittel zugelassen zu werden, müssen sie mindestens 0,5 kg Chemikalien je kg Bindemittel aufnehmen können. Mit Ausnahme der Ölbinder-Typen I und IV eignen sie sich vorzugsweise für den Einsatz an Land. Bindemittel, die für den Einsatz auf Verkehrswegen vorgesehen sind, müssen den Zusatz R (Rutschfest) tragen.

Kleinere fest anhaftende Kontaminationen mit organischen Schadstoffen können mit Verdünnungsmitteln, wie Bremsenreiniger gelöst und mit Bindemitteln entfernt werden.

Chemische Kampfstoffe können auf Kleingeräten mit Hautentgiftungsmitteln umgesetzt werden. Das als Desinfektionsmittel zugelassene Chloramin-T eignet sich als zehnprozentige wässrige Lösung zur Dekontamination chemischer Kampfstoffe. Die Einwirkzeit muss mindestens 15 Minuten betragen. Wiederholtes Abbürsten der kontaminierten Oberfläche mit frischer Dekontaminationslösung unterstützt die Umsetzung des Kampfstoffes. Für die Dekontamination von größeren Materialoberflächen eignen sich Entgiftungsmittel, wie das Dekontaminationsmittel GDS 2000. Sie bestehen aus organischen Flüssigkeiten, die stark alkalisch reagieren. Dadurch sind sie in der Lage, chemische Kampfstoffe zu lösen und chemisch umzusetzen. Zur Dekontamination von Infrastruktur können Natriumhypochlorit oder Calciumhypochlorit eingesetzt werden. Da sie in trockener Form mit vielen Substanzen stark exotherm reagieren, sind sie als zehnprozentige wässrige Lösungen anzuwenden. Um den für die Umsetzung erforderlichen Kontakt der Hypochlorit-Lösung mit dem Kampfstoff zu gewährleisten, muss die belegte Fläche mit Besen bearbeitet werden.

Häufig führt bei Dekon-Arbeiten die Improvisation zum Erfolg. So wurden beispielsweise Flüssigkeiten auf Verkehrsflächen durch Einsatz von flüssigem Stickstoff (Siedepunkt -196 °C) vereist und ließen sich dann relativ problemlos mechanisch, z. B. mit Schaufeln entfernen. Der Stickstoff verdunstet ohne Rückstände zu hinterlassen. Aufgrund der von Stickstoff in flüssiger Form ausgehenden Gefährdung durch Kälteschäden sollte der Einsatz aber nur unter Aufsicht von Fachpersonal erfolgen.

Die in einem Dekontaminationseinsatz anfallenden Abfälle werden als Sondermüll verbrannt oder deponiert. Die Verbrennung vor Ort unter den Bedingungen eines Feuerwehreinsatzes ist nur in den seltensten Fällen sinnvoll. Besonders mit der Abdrift unvollständig verbrannter Schadstoffe muss im

5.2 Die Dekontamination chemischer Gefahrstoffe

Bild 20: *Die Trockenentgiftung mit starken Oxidationsmitteln, wie den Hypochloriten, kann zu drastischen Reaktionen führen.*

Rahmen der Lagebeurteilung immer gerechnet werden. Dagegen stellt die Verbrennung im industriellen Maßstab, neben der Endlagerung auf Sondermülldeponien, die wichtigste Entsorgungsmöglichkeit für gefährliche Abfälle dar. Man könnte sie auch als »finale Dekontamination« bezeichnen. Wesentlich ist, dass die Verbrennung bei Temperaturen über 900 °C erfolgt und die Brandgase unter Sauerstoffüberschuss rasch abgekühlt werden, um die Bildung von Furanen und Dioxinen zu unterbinden. Filteranlagen halten die dabei entstehenden Schadstoffe (Schwefeldioxid, Stickoxide, Halogenwasserstoffe usw.) zurück. Im Idealfall werden nur Kohlendioxid und Wasser an die Atmosphäre abgegeben.

5.3 Der Nachweis chemischer Kontaminationen

Auf der Oberfläche anhaftende flüssige Kontaminationsreste lassen sich – je nach Schadstoff – mit Indikatorpapier (zum Nachweis wässriger Säuren und Basen), mit Öltestpapier oder dem Spürpapier, chemische Agentien (zum Nachweis organischer Flüssigkeiten) detektieren. Dabei muss aber zuvor getestet werden, ob nicht auch eingesetzte Dekontaminationsmittel einen positiven Nachweis liefern.

Unter den Bedingungen des Feuerwehreinsatzes kann nur in den seltensten Fällen von einer vollständigen Dekontamination ausgegangen werden. Durch Lösungseffekte bleiben in Kunststoffen und Beschichtungen eingedrungene Schadstoffe teilweise zurück. Diese können nach der erfolgten Dekontamination wieder an die Materialoberfläche diffundieren und dort in die Atmosphäre freigesetzt werden (Desorption). Für Personen besteht dadurch das Risiko, durch Inhalation oder direkten Kontakt der Haut mit der Oberfläche den freigesetzten Schadstoff aufzunehmen.

Ein Nachweis der Gefährdung durch die Desorption ist mit den verfügbaren Nachweismitteln der Feuerwehr vor Ort nur eingeschränkt möglich. Die Abschätzung ist für industrielle Gefahrstoffe aufgrund der schmalen zugänglichen Datenbasis

5.3 Der Nachweis chemischer Kontaminationen

nur ungenau. Das erklärt, warum es für Kontaminationen mit toxischen Chemikalien keine flächenbezogenen Grenzwerte, vergleichbar den Aktivitätsgrenzwerten der Strahlenschutzverordnung gibt. Demgegenüber wurde das durch Kontaminationen mit chemischen Kampfstoffen herrührende Restrisiko intensiv untersucht und zulässige Restkontaminationen festgelegt.

Zur behelfsmäßigen Ermittlung des Inhalationsrisikos in Fahrzeuginnenräumen werden diese mit der Heizung erwärmt und geschlossen. Nach 30 Minuten wird die Innenraumluft mit Prüfröhrchen oder automatischen Messgeräten auf das Unterschreiten des Arbeitsplatz-Grenzwerts geprüft. Die Desorption aus Flächen lässt sich prüfen, indem ein Behälter (z. B. ein großer Karton) auf die Fläche aufgesetzt und der Übergang mit Klebeband abgedichtet wird. Nach 30 Minuten möglichst unter Erwärmung wird mit Prüfröhrchen oder anderen Messgeräten die Schadstoffkonzentration innerhalb des Behälters gemessen.

Kleingeräte können in einem PE-Beutel verpackt erwärmt werden. Nach 30 Minuten erfolgt eine Überprüfung der Innenluft. Bei CSA wird vor dem Verpacken der Reisverschluss geschlossen. Nach Ablauf der Wartezeit wird zusätzlich die Luft im Anzuginneren überprüft.

Bei der 30-minütigen Wartezeit handelt es sich um einen Erfahrungswert. Die beschriebenen Messmethoden sind sehr ungenau, bei Unterschreitung des Arbeitsplatz-Grenzwertes kann aber davon ausgegangen werden, dass von den dekontaminierten Geräten kein Inhalationsrisiko ausgeht.

5 Dekontamination chemischer Gefahren

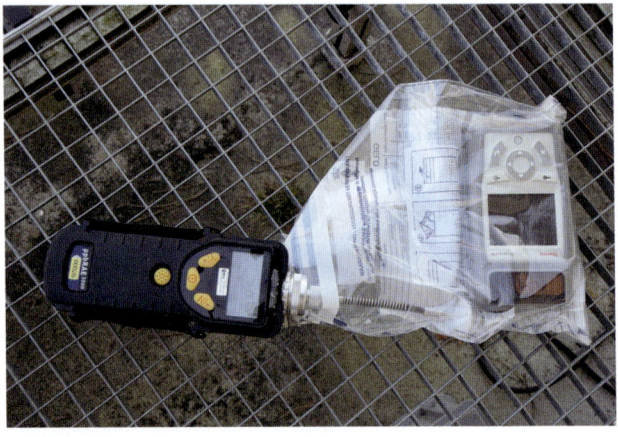

Bild 21: *Nutzung eines PID zum Überprüfen eines Messgeräts auf abdampfende Schadstoffe (Foto: Jonathan Heng)*

6 Die Dekontamination im Feuerwehr-Einsatz

Die FwDv 500 sieht bei ABC-Einsätzen ab der Gefahrengruppe II Dekontaminationsmaßnahmen vor. Ab Gefahrengruppe III wird zusätzlich das Einbeziehen von Experten notwendig.

Für jeden Einsatz mit gefährlichen Stoffen gilt, eine Inkorporation auszuschließen sowie die Kontamination von ungeschützten Personen zu vermeiden. Dieser Grundsatz muss auch bei der Dekontamination uneingeschränkt angewendet werden. Daher gilt der Schwarzbereich von Dekontaminationseinrichtungen als Gefahrenbereich. Eine Kontaminationsverschleppung, beispielsweise durch Dekon-Abwässer oder kontaminierte Ausrüstung ist zu vermeiden.

Merke:
Überall dort, wo Kontaminationen nicht unmittelbar beseitigt werden können, müssen sie gekennzeichnet und gegebenenfalls abgedeckt werden.

Vorbereitende Maßnahmen

Die vorbereitenden Maßnahmen decken sich weitgehend mit den in der Gefahrenabwehr üblichen Vorbereitungen. Neben der Ausbildung der Dekon-Kräfte sind die Zusammenarbeit mit Gefahrstoffeinheiten (falls die Dekon-Einheit nicht bereits integriert ist) und dem Rettungsdienst sowie die Vorerkundung

6 Die Dekontamination im Feuerwehr-Einsatz

von Gefahrenobjekten und möglichen Dekon-Einrichtungen zu nennen.

Bereits bei der Begehung von Objekten mit ABC-Gefahrenpotenzial sind die Führer der Dekon-Einheiten zu beteiligen. Von besonderem Interesse sind die Erkundung von Räumen, die das Einrichten eines Dekon-Platzes begünstigen und das Feststellen der Notwendigkeit zur Vorhaltung spezieller Dekontaminationsmittel. Hinzu kommt die Infrastruktur der Wasserver- und Entsorgung. Wo immer möglich, ist auf betriebliche Einrichtungen zurückzugreifen. Für die Gerätedekontamination sollten bereits im Vorfeld geeignete Einrichtungen festgelegt werden. Nicht immer ist das eigene Gerätehaus der beste Platz, zumal meistens nur Leichtflüssigkeitsabscheider zur Abwasserreinigung vorhanden sind. Sind Betriebe vorhanden, die über Hochdruckreiniger und eine Emulsionsspaltanlage verfügen, ist zu prüfen, ob kontaminiertes Gerät nicht dort gereinigt werden kann. Das setzt natürlich, neben dem Einverständnis des Eigentümers, die Einweisung des Dekon-Personals und die Klärung der Zugangsmöglichkeit auch außerhalb der Arbeitszeiten voraus. Einsätze der Dekon-Stufe III sind ohne vorherige Erkundung nur mit großem Zeitverzug möglich. Objekte, die zum Einrichten von Notfallstationen oder für die Dekontamination einer größeren Anzahl von Fahrzeugen geeignet sind, sollten deshalb bereits vorerkundet werden. Die Erkundungsergebnisse sind schriftlich festzuhalten und regelmäßig zu aktualisieren.

Muss im Rahmen der Personen-Dekontamination ein Kleiderwechsel durchgeführt werden, sind die für den Eigenbedarf ausgelegten Mittel der Gefahrstoffeinheiten schnell erschöpft.

Daher ist zusammen mit den örtlichen Sanitätsorganisationen festzustellen, ob durch diese die Möglichkeit besteht, kurzfristig Ersatzbekleidung zur Verfügung zu stellen.

Mit den zuständigen Behörden (Untere Wasserbehörde, Veterinäramt, Gesundheitsamt) sind Ansprechpartner festzulegen. Besonders wichtig ist es, dass sich diese ein Bild von den durch die Feuerwehr angewendeten Dekontaminationsverfahren und den damit verbundenen möglichen Einflüssen auf die Umwelt machen können.

Alle vorbereitenden Maßnahmen nützen wenig, wenn die zeitgerechte Alarmierung durch die entsprechende Berücksichtigung der Dekon-Einheiten in der Alarm- und Ausrückeordnung nicht gewährleistet ist. Die Vorlaufzeit bis zur Herstellung der Arbeitsbereitschaft von Dekon-Einrichtungen muss bei der Alarmierung berücksichtigen werden, um zu gewährleisten, dass spätestens 15 Minuten nach Beatmung des ersten Pressluftatmers eines CSA-Trupps die Möglichkeit zur Dekontamination auf dem Dekon-Platz besteht.

Erkundung und Aufbau der Dekon-Einrichtung
Nach dem Eintreffen der Dekon-Einheit an der Einsatzstelle erfolgt die Verbindungsaufnahme des Führers mit der Einsatzleitung. Neben der Grobzuweisung des Dekon-Platzes erfragt er den Funkkanal der CSA-Träger. Es folgt die Erkundung des Dekon-Platzes, falls nicht auf vorerkundete Einrichtungen zurückgegriffen werden kann. Allgemein sollte der Dekon-Platz folgende Anforderung erfüllen:

- Die Lage befindet sich im Unterstützungsbereich an der windzugewandten Seite des Gefahrenbereichs.

- Bei B- und C-Kontaminationen liegt der Dekon-Platz nahe an der Grenze des Gefahrenbereichs, bei A-Einsätzen muss die Entfernung so groß sein, dass die an der Einsatzstelle herrschende Dosisleistung den Kontaminationsnachweis nicht beeinflusst (ca. 20 m von der Grenze des Gefahrenbereichs).
- Es muss ein fester Untergrund mit Auffang- oder Abflussmöglichkeiten für kontaminierte Reinigungslösungen (diese dürfen keinesfalls unkontrolliert in den Absperrbereich abfließen) vorhanden sein.
- Entfernungen zu weiteren Einrichtungen (z. B. dem Atemschutz-Sammelplatz) sind so groß zu wählen, dass diese nicht während des Betriebs des Dekon-Platzes durch Spritzwasser oder Abdrift gefährdet werden.
- Wege von kontaminierten Personen und ungeschützten Einsatzkräften dürfen sich nicht kreuzen.
- Es müssen Anschlussmöglichkeiten an die zentrale Wasserversorgung vorhanden sein.
- Besonders bei ungünstiger Witterung ist für den Weißbereich das Nutzen vorhandener Räumlichkeiten von Vorteil. Falls dies nicht möglich ist, sollten ein Fahrzeug-Innenraum zum Umziehen bereitstehen.
- An- und Abfahrtswege für den Rettungsdienst sind vorteilhaft.
- Wo immer möglich, sollte auf vorhandene Infrastruktur zurückgegriffen werden, dabei ist aber die Gefahr der Kontaminationsverschleppung zu beachten.

6 Die Dekontamination im Feuerwehr-Einsatz

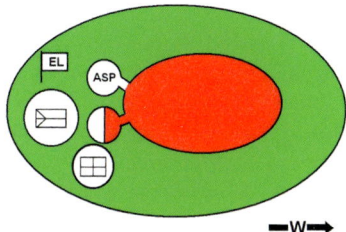

Bild 22: *Lage des Dekon-Platzes (rot/weiß), das mögliche Problem der Raumordnung bei ABC-Einsätzen wird hier deutlich (der Abwind-Bereich ist gewöhnlich größer).*

Nur selten können alle Forderungen an den Dekon-Platz optimal erfüllt werden. Das Können der Dekon-Kräfte zeigt sich letztendlich auch darin, unter weniger günstigen Voraussetzungen erfolgreich zu arbeiten.

Der Dekon-Platz wird nach der Rücksprache mit der Einsatzleitung festgelegt. Er ist möglichst in unmittelbarer Nähe des Zutritts zum Gefahrenbereich einzurichten. Nach der alten Regel, dass »das Pferd zurück in den Stall findet«, werden die im Gefahrenbereich tätigen Trupps den Hinweg als Rückweg nehmen wollen. So lassen sich zusätzliche Absprachen vermeiden, die zurückkehrenden Kräfte müssen nur an der Grenze zum Gefahrenbereich aufgenommen werden.

Die Zeit vom Einsatzbeginn bis zur Einsatzbereitschaft des Dekon-Platzes muss durch die Möglichkeiten der Sofort-Dekontamination überbrückt werden. Von Vorteil ist es, falls der für die Sofort-Dekontamination vorgesehene Bereich zum Dekon-

Platz ausgebaut werden kann. Dadurch besteht die Möglichkeit, auf die bestehende Wasserversorgung zurückzugreifen und die Sofort-Dekontamination ununterbrochen zu gewährleisten.

In der Regel erfolgt der Aufbau des Dekon-Platzes unter Zeitdruck. Daher empfiehlt sich ein Aufbau von der kontaminierten zur sauberen Seite. Das bietet die Möglichkeit, bereits die ersten Dekon-Schritte durchzuführen, während parallel abschließende Arbeiten ausgeführt werden.

Die Trennlinie zwischen Schwarzbereich und Weißbereich wird durch den Staffelführer eindeutig festgelegt und beim Einrichten deutlich gekennzeichnet.

Bild 23: *Dekon-Platz P des ABC-Zug Freiburg mit deutlicher Schwarz-/Weißtrennung (Foto: Feuerwehr Freiburg, Abteilung ABC)*

6 Die Dekontamination im Feuerwehr-Einsatz

Durchführung der Dekontamination

Die Durchführung wird in den Kapiteln 7 und 8 beschrieben.

Abschließende Maßnahmen

Nach Abschluss des Dekon-Auftrags muss das eingesetzte Personal und Gerät die Eigendekontamination durchlaufen. Der Abbau erfolgt, wie zuvor der Aufbau, vom Gefahrenbereich her. Personal und Material werden auf der Station »Grobreinigung« dekontaminiert und (falls keine gründliche Dekontamination vor Ort stattfindet) grob dekontaminierte Geräte in chemikalienbeständige Behältnisse verpackt, gekennzeichnet und verladen. Abschließend wird der Dekon-Platz an die Einsatzleitung oder die zuständige Fachbehörde übergeben.

Bei Bedarf findet eine gründliche Dekontamination von Ausrüstung und fremdem Gerät dort statt, wo die notwendige Infrastruktur verfügbar ist. Die Freigabe dekontaminierter Geräte, Kraftfahrzeuge oder Infrastruktur erfolgt durch die anordnende Fachbehörde.

7 Dekontamination von Personen

Aus dem ersten Auftrag der Feuerwehr, der Menschenrettung, leitet sich ab, dass die Personendekontamination höchste Priorität besitzt. Dabei ist zu unterscheiden, zwischen:

1. Einsatzkräften in PSA, die Dekontamination von PSA-Trägern wird gemäß der vfdb-Richtlinie 10/04 als Dekon P bezeichnet;
2. Menschen, die sich ohne geeignete Schutzbekleidung im Gefahrenbereich aufgehalten haben sowie Kräfte unter PSA, deren Schutzbekleidung beschädigt wurde. Bei diesen Personen ist immer von einer Kontamination der Körperoberfläche auszugehen. Daher wird deren Dekontamination gem. der vfdb-Richtlinie 10/04 als Verletzten-Dekontamination (Dekon V) bezeichnet.

7.1 Das Stufenkonzept der Personen-Dekontamination

Die Feuerwehr-Dienstvorschrift 500 sieht für die Personen-Dekontamination ein dreiteiliges Stufenkonzept vor.

Dekon-Stufe I Sofort-Dekontamination von Personen
Vom Eintreffen an der Einsatzstelle an muss die Möglichkeit der Personendekontamination durch die Sofort-Dekontamination sichergestellt sein, um bei Antreffen betroffener Personen oder

7.1 Das Stufenkonzept der Personen-Dekontamination

bei einem Notfall von Einsatzkräften im Gefahrenbereich die Betroffenen soweit zu dekontaminieren, dass eine unmittelbare Gefährdung ausgeschlossen ist. Die Sofort-Dekontamination kann bereits mit den Mitteln eines Löschfahrzeugs erfolgen und muss durch alle Einsatzkräfte der Feuerwehr durchgeführt werden können.

Dekon-Stufe II Standard-Dekontamination
Sie ist bei jedem ABC-Einsatz unter persönlicher Sonderausrüstung (z. B. CSA, Kontaminationsschutzanzug) sicherzustellen. Darunter fällt der Kontaminationsnachweisplatz bzw. der Dekon-Platz P. In der Regel wird dazu die Sofort-Dekontamination zur Standard-Dekontamination ausgebaut. Die Dekon-Stufe 2 benötigt die Kräfte einer Dekon-Staffel mit zusätzlicher Ausrüstung, wie sie auf dem GW-Gefahrgut oder dem GW-Dekon mitgeführt wird.

Dekon-Stufe III Erweiterte Dekontamination
Die Dekon-Stufe III wird notwendig bei Dekon-Maßnahmen, die über die Standard-Dekontamination hinausgehen. Das ist beispielsweise der Fall, wenn mehrere Personen dekontaminiert werden müssen, die sich ohne geeignete Schutzbekleidung im Gefahrenbereich befunden haben, und eine Sofort-Dekon dazu nicht ausreicht. Dazu muss die Dekon-Staffel mit zusätzlichem Personal und Material verstärkt werden. Dekon-Plätze der Dekon-Stufe III müssen nicht zwangsläufig direkt an der Schadensstelle liegen. Beispielsweise können Dekon-Plätze V vor Krankenhäusern eingerichtet werden.

7 Dekontamination von Personen

Merke:
Auch auf Dekon-Einrichtungen der Stufen II und III muss die Möglichkeit der Sofort-Dekon durchgängig gewährleistet sein.

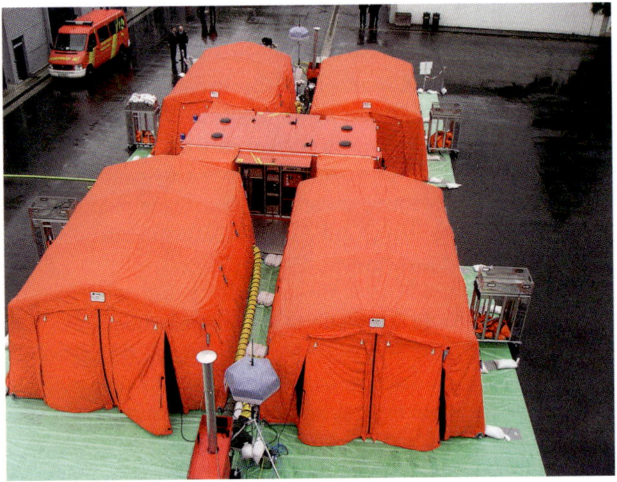

Bild 24: *Auf einem Abrollbehälter verlastete Anlage zur Durchführung der Dekon-Stufe III (Foto: Thilo Schuppler)*

Um eine mögliche Schädigung zu minimieren, muss die Dekontamination ungeschützter Personen in den meisten Fällen frühzeitig, ggf. vor medizinischen Maßnahmen beginnen. Die

7.1 Das Stufenkonzept der Personen-Dekontamination

Entscheidung darüber ist in enger Absprache mit dem Rettungsdienst zu treffen. Grundsätzlich gilt, dass durch Ablegen der Oberbekleidung bereits ein Großteil der Kontamination entfernt wird.

Personen mit Kontaminations- oder Inkorporationsverdacht sind dem Rettungsdienst bzw. ärztlicher Behandlung zuzuführen. Das Rettungsdienstpersonal muss auch entscheiden, ob eine verletzte Person aus medizinischen Gründen noch vor der abgeschlossenen Dekontamination den Dekon-Platz verlässt. Sind darüberhinausgehende Dekontaminationsmaßnahmen erforderlich, so müssen diese mit Vertretern der zuständigen Fachbehörden, dem Rettungsdienst und gegebenenfalls betrieblichen Fachkundigen abgestimmt sein.

Während des Durchlaufens der Dekontamination sind die Betroffenen so zu führen, dass besonders bei größeren Dekon-Einrichtungen (z. B. Notfallstationen) der stockungsfreie Ablauf durch Austrassieren, Hinweisschilder und gegebenenfalls Lenkungspersonal sichergestellt wird.

Nach Durchlaufen der Personendekontamination müssen die Betroffenen gegen Unterkühlung geschützt werden, beispielsweise durch Ausgabe von Rettungsdecken. Ist mit mehreren zu dekontaminierenden Personen zu rechnen, ist durch rechtzeitige Alarmierung der dazu festgelegten Hilfsorganisationen die Versorgung mit Ersatzbekleidung sicherzustellen. Wo immer möglich, sind beheizte Aufenthaltsräume oder Fahrzeuge zur Verfügung zu stellen.

7 Dekontamination von Personen

7.2 Die Sofort-Dekontamination (Dekon-Stufe I)

Die Sofort-Dekontamination wird erforderlich, wenn sich Personen ohne PSA im Gefahrenbereich aufgehalten haben oder ein Notfall von Einsatzkräften in PSA eingetreten ist. Werden im Gefahrenbereich Personen ohne geeignete Schutzbekleidung angetroffen, ist grundsätzlich von der Notwendigkeit einer Sofort-Dekontamination auszugehen. Aufgrund der schnellen Wirkung vieler chemischer Gefahrstoffe entscheidet das rasche Einleiten von Dekontaminationsmaßnahmen wesentlich über die Schwere der Schädigung. Die Dekontamination beschränkt sich in dieser Einsatzphase auf das Entfernen der kontaminierten Bekleidung und im Falle einer C-Kontamination dem vorsichtigen Abspülen der betroffenen Körperstellen unter Einsatz eines Strahlrohrs mit Sprühstrahl. Bei schlecht wasserlöslichen Schadstoffen kann die Substanz auch durch Abtupfen mit Ölbindetüchern von der Haut entfernt werden. Daran sollte sich ein Waschschritt unter Zuhilfenahme von pH-neutraler Seife anschließen. Nach den Dekontaminationsschritten muss für den Wärmeerhalt der Betroffenen gesorgt werden.

Immer ist zu entscheiden, ob im Anschluss an die Sofort-Dekontamination eine anschließende gründliche Dekontamination auf einem Dekon V-Platz erforderlich ist. Diese ist jedoch nach Durchführung der Sofort-Dekontamination weniger zeitkritisch.

7.2 Die Sofort-Dekontamination (Dekon-Stufe I)

Merke:

Lebensrettende Sofortmaßnahmen erfolgen vor Dekontaminationsmaßnahmen.

Bei Kontaminationen mit stark ätzenden oder hochtoxischen Stoffen kann jedoch, in enger Abstimmung mit dem Rettungsdienst, ein frühzeitiges Einleiten der Dekontaminationsmaßnahmen im Rahmen der Sofort-Dekontamination erforderlich werden, um medizinische Sofortmaßnahmen erst sinnvoll durchführen zu können.

Schritte	Dekontaminationsart		
	A	B	C
Einweisung/Ablegen der Oberbekleidung	X	X	X
Grobreinigung der Körperoberfläche			X
Spotdekontamination (bei Bedarf)	X	X	X
Wärmeerhalt	X	X	X
Übergabe an den Rettungsdienst	X	X	X

Bild 25: *Ablauf der Sofort-Dekontamination*

Tritt bei Einsatzkräften in PSA ein Notfall ein, werden sie nach Möglichkeit auf den Dekon-Platz gebracht. Hier erfolgt vor dem

7 Dekontamination von Personen

Öffnen des Anzugs eine Dekontamination entlang der vorgesehenen Öffnungslinie (des Reisverschlusses oder der geplanten Schnittlinie). Ist aufgrund von Bewusstlosigkeit oder Verletzung der verunfallten Einsatzkraft ein normales Ablegen des Schutzanzugs nicht möglich, wird der Anzugstoff mit einer Verbandschere oder einem Rettungsmesser aufgeschnitten. Dazu wird der Anzug durch einen »Schwarz-Helfer« so geöffnet, dass ein gefahrloses und schonendes Herausheben der verunfallten Person möglich ist. Nach dem Aufklappen des Anzugs wird der Anzugträger von mindestens zwei »Weiß-Helfern« aus diesem herausgehoben. Muss eine Kontamination der Körperoberfläche des PSA-Trägers vermutet werden, wird dann nach den Grundsätzen der Dekontamination Verletzter vorgegangen.

Bild 26: *Schnittlinien zur Öffnung eines CSA*

Im Anschluss an die Sofort-Dekontamination erfolgt die Übergabe an den Rettungsdienst. Die nach erfolgter Sofort-Dekontamination auf der Körperoberfläche zurückbleibende Kontamination stellt nur in wenigen Fällen ein Risiko für das behandelnde Personal dar.

7.3 Massendekontamination

In Folge eines Anschlags mit Gefahrstoffen auf eine Menschenansammlung, z. B. auf ein Sportereignis oder einen Verkehrsknotenpunkt, ist mit einer großen Anzahl möglicherweise kontaminierter Personen zu rechnen. Aufgrund des schnellen Wirkungseintritts vieler chemischer Gefahrstoffe und der Gefahr, dass es durch kontaminierte Personen zu einer Kontaminationsverschleppung in umliegende Krankenhäuser kommt, muss die Dekontamination schnell erfolgen. Die Dekontaminationsmaßnahmen können, zumindest in der ersten Einsatzphase, nur nach den Grundsätzen der Sofort-Dekontamination durchgeführt werden.

Die Dekon-Plätze werden deshalb so nah an die Ausgänge des Schadensortes gelegt, dass die Betroffenen sie erkennen und umgehend aufsuchen können, müssen jedoch so weit entfernt sein, dass es nicht zu einer Stauung der Betroffenen kommt. Der Weg der kontaminierten Personen darf nicht durch Fahrzeuge verengt oder durch Schlauchleitungen gequert werden.

Die Massendekontamination erfolgt in drei Schritten:
1. **Das Ablegen der Oberbekleidung**: Dadurch wird bereits ein erheblicher Teil der Kontamination ent-

fernt, was das Risiko sowohl der Verletzten als auch der Rettungskräfte deutlich verringert.
2. **Absprühen mit einer großen Wassermenge**: Da aus Gründen der Verletzungsgefahr nicht mit hohem Druck oder Temperaturen gearbeitet werden kann, lässt sich das Entfernen der Schadstoffe allein durch das Lösen in viel Wasser erreichen. Unter 5 °C sollte eine Nassdekontamination im Freien unterbleiben.
3. **Wärmeerhalt der dekontaminierten Personen**, z. B. durch Ausgabe von Rettungsdecken und Witterungsschutz (Nutzung von Gebäuden).

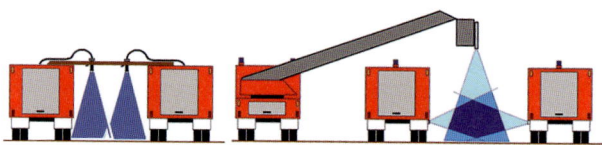

Bild 27: *Varianten zum Aufbau der Massendekontamination, die rechte Abbildung zeigt den nordamerikanischen Ansatz unter Einsatz einer Drehleiter und der seitlichen Druckabgänge der Löschfahrzeuge.*

Neben den in Bild 26 gezeigten Varianten kann die Massendekontamination analog der Sofort-Dekontamination durch den Einsatz von Strahlrohren erfolgen. Dazu werden die Betroffenen nach Ablegen der Oberbekleidung mit einem C-Rohr ohne Mundstück bzw. Hohlstrahlrohr jeweils 20 Sekunden mit ca. 2 bar abgesprüht. Eine Löschgruppe, die vier Rohre vornimmt, kann so 12 Personen pro Minute dekontaminieren (aufgrund des geringen Drucks ist eine Einsatzkraft pro Strahlrohr ausreichend). Das nicht gebundene Personal kann dafür eingesetzt werden, die Betroffenen anzuleiten, ihre Oberbekleidung abzulegen und sich zu den Waschplätzen zu begeben.

Im Anschluss an die Massendekontamination muss die rettungsdienstliche Versorgung der Betroffenen, deren Registrierung und ggf. der Transport in eine Behandlungseinrichtung erfolgen. Wie bei der Sofort-Dekontamination muss auch bei der Massendekontamination geprüft werden, ob im Anschluss eine Dekon V erforderlich ist.

Für die abgelegte möglicherweise kontaminierte Bekleidung ist innerhalb des Gefahrenbereichs ein Sammelplatz einzurichten.

Da sich eine große Anzahl Betroffener selbständig in die nächstgelegenen Krankenhäuser begeben wird, müssen auch dort an den Zugängen Dekontaminationsmöglichkeiten geschaffen werden.

7.4 Die Dekontamination von Einsatzkräften in PSA (Dekon P)

Die Dekontamination der unter PSA eingesetzten Kräfte findet auf dem Dekon-Platz P (bzw. dem Kontaminationsnachweisplatz im A-Einsatz) statt. Grundsätzlich wird er für die A-, B- oder C-Dekontamination einheitlich aufgebaut und um spezifische Stationen ergänzt. Das gewährleistet auch einen einfachen Aufbau im Falle von Mehrfach-Kontaminationen (z. B. B und C). Ein Dekon Platz P kann bis zu sechs gleichzeitig an der

Einsatzstelle tätige CSA-Träger dekontaminieren. Ist mehr Personal im Gefahrenbereich tätig, sind zwei bzw. mehrere Dekon-Plätze P parallel zu betreiben.

Einsatzkräfte in PSA durchlaufen den Dekon-Platz P bis zum Ablegen der Schutzbekleidung, bzw. den Kontaminationsnachweisplatz bis zur Feststellung der Kontaminationsfreiheit bei A-Einsätzen. Danach kann von einer Kontaminationsfreiheit ausgegangen werden, vorausgesetzt der Körperschutz wurde korrekt angelegt, blieb während des Einsatzes unbeschädigt und wurde sorgfältig abgelegt (streng genommen ist eine Freigabe nur durch eine Fachbehörde möglich).

Grob teilt sich der Dekon-Platz P in einen Schwarz- und einen Weißbereich auf. Die wesentlichen Schritte der Dekontamination finden im Schwarzbereich statt. Alles was sich hier bewegt oder abgelegt wird, ist als kontaminiert anzusehen. Der Übergang in den Weißbereich ist erst nach erfolgter Dekontamination zu ermöglichen. Das bedeutet, dass alles, was die Grenze zwischen Schwarz und Weiß überschreitet, sicher als kontaminationsfrei angenommen werden kann (die Einteilung in Rot-, Gelb- und Grün-Bereich legt die Grenze zwischen Kontaminationsverdacht und Kontaminationsfreiheit nicht so eindeutig fest. Besonders im Gelb-Bereich besteht mit dem Reinigen und Ablegen der kontaminierten Schutzbekleidung ein erhebliches Kontaminationsrisiko. Durch die Zuordnung Gelb entsteht aber, analog der Verkehrsampel, der Eindruck eines geringen, tragbaren Risikos).

In der Einsatzpraxis hat sich die Unterteilung des Dekon-Platzes P in die folgenden Stationen bewährt:

7.4 Die Dekontamination von Einsatzkräften in PSA

Station	Dekontaminationsart		
	A	B	C
1 Einweisung	X	X	X
2 Geräteabgabe	X	X	X
3B Vorläufige Desinfektion/ 3 Grobreinigung der PSA		X	X
4 Ablegen der PSA	X	X	X
5 Kontaminationskontrolle	X		
6 Folgemaßnahmen	X	X	X

Bild 28: *Die Stationen des Dekon-Platzes P, bei Verdacht von Mehrfach-Kontaminationen, beispielsweise durch radioaktive und biologische Gefahrstoffe werden die erforderlichen Stationen aufgebaut.*

Station 1 »Einweisung«

Die Einweisung regelt das Einschleusen in den Dekontaminationsablauf. Auch bei eingespielten Einheiten sollte auf sie nicht verzichtet werden. Der Einweiser nimmt die zurückkehrenden Trupps an der Absperrung auf und überprüft, ob die Verfassung der Einsatzkräfte eine planmäßige Dekontamination erlaubt, oder eine Sofort-Dekontamination durchgeführt werden muss. Es wurden in der Vergangenheit verschiedene Übermittlungszeichen vorgeschlagen. Da bekanntlich nur das Einfache Erfolg hat, empfiehlt es sich, auf das Standardzeichen Daumen hoch – Daumen runter zurückzugreifen. Zeigt ein CSA-Träger, z. B. aufgrund des geringen Luftvorrats, den gesenkten Daumen, ist er sofort zu Station 3 zu führen. Zwar soll nach Abschrauben des Lungenautomaten noch für zehn Minuten Atemluft in einem CSA vorhanden sein, von Experimenten ist aber unter Einsatzbedingungen abzuraten.

Die Ausrüstung des Einweisers mit Sprechfunk ist sinnvoll, die Benutzung muss aber auf Notfälle beschränkt bleiben, um den Kanal der im Gefahrenbereich tätigen Trupps nicht unnötig zu belegen. Nach der Einschleusung leitet der Einweiser den Trupp zur Station 2, falls diese nicht mit der Einweisung zusammengelegt ist.

Station 2 »Geräteabgabe«
Auf der Station 2 werden alle aus dem Gefahrenbereich mitgeführten Geräte in Behälter (z. B. mit PE-Säcken ausgelegte Wannen) abgelegt. Im Strahlenschutzeinsatz muss gesichert sein, dass der Kontaminationsnachweis nicht durch das abgelegte kontaminierte Gerät beeinflusst wird. Die Station 2 kann mit der Station 1 zusammengefasst werden. Nach Ablegen der Ausrüstung gehen die zu dekontaminierenden Einsatzkräfte zur Station 3 weiter.

Station 3B »Vorläufige Desinfektion«
Bei B-Kontaminationen erfolgt nach dem Ablegen der Ausrüstung eine vorläufige Desinfektion der PSA-Träger durch Einsprühen der Schutzbekleidung mit Desinfektionsmittel. Nach Ablauf der Einwirkzeit wird die Desinfektionslösung im Rahmen der Grobdekontamination des Anzugs auf Station 3

7.4 Die Dekontamination von Einsatzkräften in PSA

abgespült. Die Station 3B ist möglichst mit Station 3 zusammenzufassen.

Station 3 »Grobreinigung«
An Station 3 wird die Persönliche Sonderausrüstung der Einsatzkräfte soweit vorgereinigt, dass die Gefahr einer Kontaminationsverschleppung beim Ablegen weitgehend minimiert ist. Die Grobreinigung erfolgt nur bei Einsatzkräften mit wasserdichter Schutzbekleidung.

Bild 29: *Grobreinigung des CSA vor dem Ablegen (Foto: Klaus Ehrmann)*

7 Dekontamination von Personen

Die Vorreinigung erfolgt in der Regel mit Wasser, dem Reinigungsmittel zugemischt werden können. Ein Erwärmen der Dekontaminationslösung bis maximal 40°C erhöht die Reinigungsleistung. Um eine vollständige Bearbeitung sicherzustellen, wird systematisch von oben nach unten und von links nach rechts gearbeitet. Ist bei Einsatzkräften eine Sofort-Dekontamination erforderlich, kann auf eine vollständige Grobreinigung verzichtet werden. Hier wird lediglich der Bereich um den Reißverschluss der Schutzbekleidung bzw. falls erforderlich entlang der Schnittlinien gereinigt.

Handelt es sich um Schadstoffe der Wassergefährdungsklasse 3 oder biologische Gefahrstoffe, wird das anfallende Abwasser aufgefangen und entsorgt. Nötig wird das Auffangen auch dann, wenn die Gefahr des unkontrollierten Ablaufens von Abwasser besteht und dadurch andere Bereiche der Einsatzstelle, z. B. der Atemschutz-Sammelplatz, beeinträchtigt werden. Die Auswahl der Auffangmöglichkeiten reicht von aufblasbaren Ein-Mannkabinen über Auffangbecken bis zur improvisierten Wanne aus Steckleiterteilen und Folie. Erstere Variante besticht durch den schnellen Aufbau, die geringe Kontaminationsgefahr durch Spritzwasser und der häufig bereits herstellerseitig vorgesehenen Möglichkeit, Reinigungsgeräte einzurüsten. Nachteile sind die Kosten und der zusätzlich benötigte Stauraum auf dem Fahrzeug. Die Steckleiter-Lösung ist günstig, hat aber entscheidende Nachteile: die längere Aufbauzeit und der hohe Einstieg (nicht vergessen: im CSA oder vergleichbarem Anzug). In einem Punkt ist sie aber unschlagbar: die Eigendekontamination nach dem Einsatz beschränkt sich auf das Entsorgen der Folie.

7.4 Die Dekontamination von Einsatzkräften in PSA

Staubförmige Kontaminationen können mittels Sprühkleber fixiert werden, um eine Reaerosolisierung während des Ablegens zu vermeiden.

Station 4 »Ablegen der Persönlichen Sonderausrüstung«
Diese Station stellt das Herzstück des Dekon-Platzes P dar. Auf ihr stoßen Schwarz- und Weißbereich aufeinander, deren Grenze unbedingt eindeutig markiert werden muss. Dies geschieht am besten mit einer Bank oder einer umgekippten Wanne als Sitzgelegenheit, die bereits zum Weißbereich zählt. Bei PSA mit außenliegendem Atemanschluss wird in einem ersten Schritt der Lungenautomat gegen einen Atemfilter getauscht. Der PSA-Träger hält dabei die Luft an. Das Ablegen der PSA wird grundsätzlich durch zwei Einsatzkräfte durchgeführt. Ein Helfer befindet sich im Schwarzbereich, der zweite im Weißbereich. Das Vorgehen soll hier exemplarisch an einem CSA-Träger dargestellt werden.

Der Schwarz-Helfer lässt den CSA-Träger ca. 0,5 m vor der Grenze anhalten und öffnet den Reißverschluss des CSA vollständig. Er zieht den Anzug soweit wie möglich nach unten. Dann weist er den CSA-Träger an, sich umzudrehen und zu setzen.

Der Schwarz-Helfer lässt den CSA-Träger ein Bein heben und zieht ihm den Stiefel des CSA aus. Der Weiß-Helfer ergreift zeitgleich das Bein und verhindert so ein Berühren des Schwarzbereichs mit dem ungeschützten Fuß. Nachdem der Stiefel abgestreift ist, zieht er das Bein in den Weißbereich. Der CSA-Träger sitzt jetzt rittlings auf der Bank. Mit dem zweiten Bein wiederholt sich diese Vorgehensweise, sodass der CSA-Träger jetzt den Gefahrenbereich im Rücken hat.

7 Dekontamination von Personen

Bild 30a: *Der Schwarz-Helfer öffnet den Reißverschluss des CSA und zieht den Anzug soweit wie möglich nach unten.*

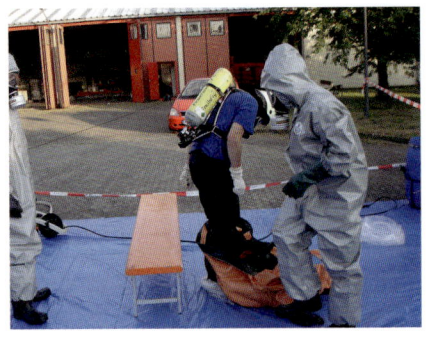

Bild 30b: *Anschließend weist er den CSA-Träger an, sich umzudrehen und zu setzen.*

7.4 Die Dekontamination von Einsatzkräften in PSA

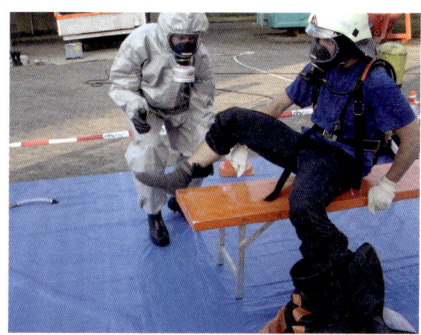

Bild 30c: *Nacheinander werden die Stiefel des CSA-Trägers durch den Schwarz-Helfer abgestreift und die ungeschützten Füße des CSA-Trägers durch den Weiß-Helfer in den Weißbereich gezogen.*

Der Schwarz-Helfer schließt den Reisverschluss der abgelegten CSA, um eine Kontamination des Anzuginneren zu verhindern und verpackt sie in einen Foliensack.

Station 5 »Kontaminationskontrolle«
Bei A-Einsätzen wird nach dem Ablegen der Kontaminationsschutzbekleidung an der Grenze zum Weißbereich durch den Weiß-Helfer ein Kontaminationsnachweis durchgeführt.

Warum nicht bereits vor dem Ablegen? Im Prinzip ja, aber:

- ein gründlicher Kontaminationsnachweis dauert etwa zehn Minuten, bei einem Trupp von vier Personen

7   Dekontamination von Personen

überschreitet allein die Zeit des Nachweises bereits den Luftvorrat eines Anzugs mit innen liegendem Atemanschluss.
- Da die Feuerwehr i. d. R. keine Freigabe von Geräten durchführen darf, muss auch nach dem negativen Kontaminationsnachweis eine Kontamination der PSA angenommen werden. Das Ablegen hat demzufolge genau so sorgfältig zu erfolgen, als ob keine vorherige Kontrolle stattgefunden hätte.

Station 6 »Folgemaßnahmen«

Nach Durchlaufen der Dekontamination erhalten die dekontaminierten Einsatzkräfte in gut geführten Weißbereichen ein Paar Ersatzschuhe, z. B. »Badeschlappen«, falls nicht ihr Schuhwerk dorthin gebracht wurde. Sie verlassen dann den Dekon-Platz P und melden sich am Atemschutz-Sammelplatz zurück. Besteht bei dekontaminierten Einsatzkräften der Verdacht auf eine Kontaminationsverschleppung auf die Körperoberfläche, muss in Abstimmung mit dem Rettungsdienst entschieden werden, ob vor Ort eine Dekon V stattfinden soll oder sie in einer Behandlungseinrichtung dekontaminiert werden.

Dekontamination ungeschützter Personen auf dem Dekon-Platz P

Müssen auf dem Dekon-Platz P ungeschützte Personen dekontaminiert werden, wird analog der Sofort-Dekontamination vorgegangen. Falls erforderlich, können, nach Rücksprache mit dem Rettungsdienst, unter Einsatz der mitgeführten Dekontaminationsmittel weitere Dekontaminationsmaßnahmen durchgeführt werden. Darunter fällt die Spot-Dekontamination an Körperstellen, die erkennbar kontaminiert sind, bzw. die durch den Rettungsdienst für die Behandlung benötigt werden. Bei A-Kontaminationen wird in Absprache mit dem Rettungsdienst vor der Übergabe eine Kontaminationskontrolle vorgenommen.

7.5 Die Dekontamination Verletzter (Dekon V)

Hatten sich Personen ohne geeignete PSA im Gefahrenbereich aufgehalten, so ist von einer Kontamination der Körperoberfläche auszugehen. Abhängig von den Eigenschaften des Schadstoffs ist zu entscheiden, ob eine Kontamination unmittelbar entfernt werden muss (Sofort-Dekontamination) oder die Gefährdung besser durch gründliche, aber zeitaufwendige Maßnahmen der Dekon V beseitigt wird (die Regel bei radioaktiven oder biologischen Gefahrstoffen). Dabei muss berücksichtigt werden, dass für die Einrichtung eines Dekon-Platz V mindestens 30 Minuten benötigt werden. Hinzu kommt die Zeit für Alarmierung und Anmarsch.

Merke:
Für die Dekon V gilt der Grundsatz, dass lebensrettende Sofortmaßnahmen Vorrang vor der Dekontamination haben.

7 Dekontamination von Personen

Die Dekontamination erfolgt:
1. durch das Entfernen der Oberbekleidung und
2. die Reinigung betroffener Körperregionen.

Der Reinigungsschritt erfolgt durch Abwaschen kontaminierter Hautstellen mit Wasser und pH-neutraler Seife, falls keine speziellen Dekontaminationsmittel vorgegeben werden. Danach sollte eine Ganzkörperdusche erfolgen. Die Wassertemperatur ist so zu wählen, dass sie als angenehm empfunden wird. Der Waschvorgang kann wiederholt werden, die Dekontamination ist aber zu beenden, falls die Haut Reizerscheinungen zeigt. Danach noch feststellbare Restkontaminationen können unter Einsatzbedingungen nicht weiter minimiert werden. Es kann aber davon ausgegangen werden, dass nach Durchlaufen der Verletztendekontamination von möglichen Restkontaminationen keine Gefahr mehr für Rettungsdienst- oder Klinikpersonal ausgehen. Daher ist, in enger Abstimmung mit medizinischem Fachpersonal, anzustreben, dass kontaminierte Verletzte den Gefahrenbereich erst nach einer Dekontamination verlassen, um zu vermeiden, dass Gefahrstoffe in Rettungsfahrzeuge und Behandlungseinrichtungen gelangen.

Die Verletztendekontamination erfordert eine enge Kooperation zwischen Feuerwehr und dem Rettungsdienst. Sie kann unterteilt werden in:

- Maßnahmen auf der Patientenablage (Spotdekontamination, Dekon-Sichtung)
- Dekontamination selbständig gehfähiger Verletzter (Dekon-Platz V gehfähig)
- Dekontamination liegender Verletzter (Dekon-Platz V liegend).

7.5 Die Dekontamination Verletzter (Dekon V)

Die Einzelheiten des Ablaufs können in den Bundesländern unterschiedlich geregelt sein. Auf den Dekon-Plätzen V ist eine Geschlechtertrennung anzustreben. Im Anschluss an die Dekon V erfolgt die Übergabe der dekontaminierten Personen an den Rettungsdienst. Für die weitere Behandlung sind dabei folgende Informationen weiterzugeben:

- Art der Kontamination bzw. vermuteter Stoffe,
- kontaminierte Körperbereiche,
- vermutete Dauer der Einwirkung,
- durchgeführte Dekontaminationsmaßnahmen,
- Ansprechpartner seitens der Dekon-Kräfte (mit Erreichbarkeit).

Maßnahmen auf der Patientenablage

Die Betroffenen müssen vor Einleitung der Dekontamination notfallmedizinisch gesichtet und betreut werden. Dazu wird dem Dekon-Platz eine Patientenablage vorgeschaltet, die an der Grenze des Gefahrenbereichs eingerichtet wird. Neben den allgemeinen notfallmedizinischen Maßnahmen können dort bereits erste Dekontaminationsmaßnahmen als Spot-Dekontamination durchgeführt werden. Die Spot-Dekontamination umfasst:

- das Ausspülen der Augen;
- die Dekontamination des Nasen-/Rachenraumes durch Gurgeln bzw. Schnäuzen und der Mund-/Nasenpartie mit anschließendem Anlegen einer Infektionsschutzmaske als Inkorporationsschutz;
- die Beseitigung erkannter Kontaminationen auf der Körperoberfläche;
- ggf. die Dekontamination von Wundbereichen;

7 Dekontamination von Personen

- die Dekontamination von Hautbereichen, die zum Legen von Zugängen benötigt werden.

Bei Bedarf kann hier auch das (teilweise) Entfernen der Bekleidung erfolgen. Da die Verletztenablage noch Teil des Gefahrenbereichs ist, muss das hier tätige Personal geeignete PSA tragen.

Dekon-Sichtung
Vor Einschleusung in die Dekon V findet eine Sichtung aller Betroffenen statt. Dabei werden die Verletzten in selbständig gehfähige und nicht gehfähige Personen, die nur liegend transportiert werden können, sowie nach Dringlichkeit der Behandlung unterteilt. Gehfähige Verletzte, welche die Dekontamination ohne Hilfe durchlaufen können, werden unmittelbar zum Dekon-Platz V gehfähig weitergeleitet. Alle anderen Verletzten durchlaufen den Dekon-Platz V liegend.

7.5.1 Dekon V gehfähiger Personen

Gehfähige Betroffene durchlaufen die Dekontamination selbständig unter Anleitung. Durch die Aufteilung in Stationen werden die Einzeltätigkeiten auf dem Dekon-Platz V übersichtlicher und können auch durch Laien nachvollzogen werden. Sind nur wenige Personen betroffen, lassen sich einzelne Stationen zusammenfassen.

7.5 Die Dekontamination Verletzter (Dekon V)

Station	Dekontaminationsart		
	A	B	C
1 Einweisung	X	X	X
2 Abgabe von persönlichen Gegenständen und der Bekleidung	X	X	X
3 medizinische Maßnahmen (bei Bedarf)	X	X	X
4 Dekontamination unverletzter kontaminierter Körperstellen	X	X	X
5 Abtrocknen	X	X	X
6 Kontaminationskontrolle	X		
7 Empfang von Ersatzbekleidung/Ankleiden	X	X	X
8 Registrierung/Regelung der Rückgabe persönlicher Gegenstände/Übergabe zur weiterführenden medizinischen Versorgung	X	X	X

Bild 31: *Schematischer Ablauf der Dekontamination gehfähiger Personen*

Station 1 »Einweisung«

Auf der Station 1 erfolgt eine kurze Einweisung in den Ablauf der Dekontamination. Ist der Vertreter der zuständigen Fachbehörde vor Ort, kann bei radioaktiven Kontaminationen ein Kontaminationsnachweis durchgeführt werden. Personen ohne feststellbare Kontaminationen können nach der Freigabe direkt zur Station »Registrierung« weitergeleitet werden. Per-

7 Dekontamination von Personen

sonen, welche die Dekontamination durchlaufen, erhalten ein Kennzeichnungs-Set (z. B. Nummern-Plaketten), um ihre abgebende Bekleidung und persönliche Gegenstände zuordnen zu können. Behelfsmäßig kann auch eine Markierung mit Klebeband und wasserfesten Stiften erfolgen. An dieser Station ist mindestens ein Helfer, bei erforderlichem Kontaminationsnachweis mindestens zwei Einsatzkräfte, einzusetzen.

Station 2 »Abgabe von persönlichen Gegenständen und der Bekleidung«
Alle mitgeführten Wertgegenstände, Gepäck usw. werden in PE-Beutel und Säcke verpackt und gekennzeichnet. Dabei werden die kontaminierten Personen durch einen Helfer unterstützt. Die Betroffenen legen (falls noch nicht auf der Verletztenablage geschehen) Schuhe und Bekleidung in bereitgestellte PE-Säcke ab. Diese werden ebenfalls gekennzeichnet. Haben Personen ihre Oberbekleidung bereits bei der Sofort-Dekontamination oder auf der Patientenablage abgelegt, werden hier die erhaltenen Rettungsdecken abgegeben. Daher sollte ab Station 2 eine Trennung nach Geschlechtern erfolgen und ein Sichtschutz hergestellt werden. Über die spätere Rückgabe der entgegengenommenen Gegenstände muss die zuständige Fachbehörde entscheiden. An dieser Station sind mindestens zwei Helfer bzw. Helferinnen vorzusehen, die bei Bedarf beim Auskleiden unterstützen und die Kennzeichnung persönlicher Gegenstände sicherstellen.

Station 3 »medizinische Maßnahmen« (bei Bedarf)
Eventuelle kleinere Verletzungen werden wasserdicht abgedeckt, um eine Inkorporation während des folgenden Waschschrittes zu vermeiden.

7.5 Die Dekontamination Verletzter (Dekon V)

Station 4 »Dekontamination unverletzter kontaminierter Körperstellen«

An dieser Station werden zuerst die erkennbar kontaminierten, dann die nicht von der Bekleidung bedeckten Hautpartien mit lauwarmem Wasser und pH-neutraler Seife dekontaminiert. Bei Verfügbarkeit spezieller Hautdekontaminationsmittel werden diese ebenfalls eingesetzt. Es wird empfohlen, danach eine Ganzkörperdusche durchzuführen, um eine Gefährdung durch unerkannte Kontaminationen zu minimieren. Die Station 4 wird mit je einem Helfer bzw. einer Helferin besetzt.

Station 5 »Abtrocknen«/
Station 6 »Kontaminationskontrolle«

Nach erfolgter Nass-Dekontamination trocknen sich die Betroffenen mit Einmalhandtüchern ab. Bei Bedarf erfolgt die Unterstützung durch Einsatzkräfte. Im Fall einer radioaktiven Kontamination wird ein Kontaminationsnachweis durchgeführt. Bei A-Einsätzen ist eine Einsatzkraft einer Dekon- oder Strahlenschutzeinheit mit einem Kontaminations-Nachweisgerät erforderlich. Andernfalls kann Station 5 vom Personal der Station 6 mitbetreut werden

Station 7 »Empfang von Ersatzbekleidung und Ankleiden«

Hier erhalten die dekontaminierten Personen Ersatzbekleidung. Falls die Dekon-Einheit nicht über ausreichend Ersatzkleidersätze verfügt, müssen diese zeitgerecht zugeführt werden. Die Station 7 wird mit einer Helferin bzw. einem Helfer besetzt.

Station 8 »Registrierung/Regelung der Rückgabe persönlicher Gegenstände/Übergabe zur weiterführenden medizinischen Versorgung«

Abschließend werden die dekontaminierten Personen in Zusammenarbeit mit dem Rettungsdienst registriert und von diesem zur Weiterbehandlung übernommen. Die Dekontamination wird dokumentiert. Je nach Art der Gefährdung muss durch die zuständige Fachbehörde entschieden werden, ob und nach welcher Behandlung die Freigabe von Gepäck, Wertgegenständen und Bekleidung für eine Rückgabe an die Betroffenen erfolgen kann.

7.5.2 Die Dekontamination nicht gehfähiger Verletzter

Kontaminierte Personen, welche die Dekon V nicht selbständig durchlaufen können, werden von der Patientenablage zum Dekon-Platz V liegend gebracht. Für sie sind besondere Unterstützungsmaßnahmen erforderlich, die durch die Feuerwehr in enger Zusammenarbeit mit dem Rettungsdienst erfolgen müssen.

Station 1 »Einweisung«

Ansprechbare Personen werden kurz in den Ablauf der Dekontamination eingewiesen. Auch für liegende Verletzte muss eine Markierung der entgegengenommenen persönliche Gegenstände und Bekleidung durchgeführt werden, die eine spätere Zuordnung ermöglicht. An dieser Station sind mindestens ein Helfer, bei erforderlichem A-Kontaminationsnachweis mindestens zwei Einsatzkräfte, einzusetzen.

7.5 Die Dekontamination Verletzter (Dekon V)

Station	Dekontaminationsart		
	A	B	C
1 Einweisung	X	X	X
2 Entgegennahme von persönlichen Gegenständen und Ablegen der Bekleidung	X	X	X
3 Erweiterte medizinische Maßnahmen	X	X	X
4 Dekontamination unverletzter kontaminierter Körperstellen	X	X	X
5 Abtrocknen	X	X	X
6 Kontaminationskontrolle	X		
7 Wechsel auf eine saubere Trage	X	X	X
8 Registrierung/Regelung der Rückgabe persönlicher Gegenstände/Übergabe zur weiterführenden medizinischen Versorgung	X	X	X

Bild 32: *Dekontamination nicht gehfähiger Personen*

Station 2 »Entgegennahme von persönlichen Gegenständen und Ablegen der Bekleidung«

Alle mitgeführten persönlichen Gegenstände werden in PE-Beutel verpackt und gekennzeichnet, dass sie später der Person zugeordnet werden können. Danach erfolgt das Ablegen der Bekleidung (falls noch nicht auf der Verletztenablage geschehen). Dazu wird die Kleidung vom Körperstamm zu den Extremitäten hin aufgeschnitten und die verletzte Person aus der Kleidung herausgehoben und auf eine Netztrage o. ä. umgelagert. Nach jeder Person sind die Überhandschuhe zu wechseln und die Verbandsschere zu dekontaminieren. Zum Auskleiden sind pro Person mindestens zwei Helfer bzw. Helferinnen vorzusehen.

Station 3 »Erweiterte medizinische Maßnahmen«
Um eine mögliche Inkorporation während des folgenden Waschschrittes zu vermeiden, sind Verletzungen mit Frischhaltefolie, Verpackungsfolie o.ä. wasserdicht abzudecken. Die bereits angelegten Verbände werden dazu nicht entfernt, sondern mit abgedeckt. Den Betroffenen wird dann eine Schwimmbrille aufgesetzt.

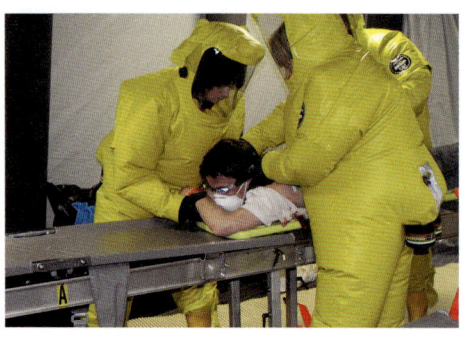

Bild 33: *Vorbereitung eines Verletzten für die Dekontamination (Foto: Klaus Ehrmann)*

7.5 Die Dekontamination Verletzter (Dekon V)

Station 4 »Dekontamination unverletzter kontaminierter Körperstellen«

An Station 4 werden erkennbare Schadstoffreste mit einem Tupfer oder einem Ölbindetuch aufgenommen. Die betroffenen bzw. ungeschützten Hautpartien werden dann mit ca. 30 °C warmen Wasser und Seife oder mit einer Dekontaminationslösung abgespült. Dabei ist zu vermeiden, dass die Flüssigkeit über nicht betroffene Körperbereiche fließt, beispielsweise durch die entsprechende Lagerung des Patienten. Die Möglichkeiten finden jedoch ihre Grenzen durch die Verletzungen der betroffenen Person. Falls möglich wird danach eine Ganzkörperwäsche/-dusche durchgeführt. Die Station 4 wird je Waschplatz mit zwei Feuerwehrangehörigen und einer Helferin bzw. einem Helfer des Rettungsdienstes besetzt, die/der die Dekontamination anleitet und die Vitalfunktionen überwacht.

**Station 5 »Abtrocknen«/
6 »Kontaminationskontrolle«**

Nach erfolgter Nass-Dekontamination werden die Betroffenen abgetrocknet. Im Fall einer radioaktiven Kontamination wird ein Kontaminationsnachweis durchgeführt. Station 5 kann durch Rettungskräfte besetzt werden. Bei A-Einsätzen ist zusätzlich eine Einsatzkraft einer Dekon- oder Strahlenschutzeinheit mit einem Kontaminations-Nachweisgerät erforderlich.

Station 7 »Wechsel auf saubere Trage«

Nach Abschluss der Nachkontrolle erfolgt das Umlagern auf eine frische Trage. Dieser Schritt stellt den Übergang in den Weißbereich dar. Station 7 benötigt drei bis vier Helfer,

Station 8 »Registrierung/Regelung der Rückgabe persönlicher Gegenstände/Übergabe zur weiterführenden medizinischen Versorgung«

Abschließend werden die dekontaminierten Personen in Zusammenarbeit mit dem Rettungsdienst registriert und die Dekontamination dokumentiert. Bei Anwesenheit eines Vertreters der Fachbehörde kann bereits eine Regelung der Rückgabe persönlicher Gegenstände getroffen werden. Die Betroffenen werden nach Registrierung vom Rettungsdienst zur Weiterbehandlung übernommen.

7.5.3 Schutz des Rettungsdienstpersonals

Als Schutz für das Rettungsdienst-Personal ist ein leichter Kontaminationsschutzanzug und Maske mit Filter A1B1-P3 als ausreichend anzusehen. Als Handschutz sollten zwei Paar Nitril-Handschuhe verwendet werden. Die Überhandschuhe sind nach jeder behandelten Person zu wechseln. Die Ausrüstung muss u.U. an der Einsatzstelle von der Feuerwehr zur Verfügung gestellt werden. Für spezialisierte Kräfte des Rettungs-/Sanitätsdienstes haben sich Gebläseanzüge bewährt.

7.6 Die Notfallstation (NFS)

Die NFS gehört zu den Maßnahmen der Gefahrenabwehr nach einem kerntechnischen Störfall. Aufgaben und Organisation sind in den »Rahmenempfehlungen zu Einrichtung und Betrieb von Notfallstationen (RE-NFS)« festgelegt. Die folgenden An-

7.6 Die Notfallstation (NFS)

gaben basieren auf dieser Rahmenempfehlung, Länderspezifisch können Abweichungen auftreten.

Eine NFS ist für die Unterstützung von 2 000 Personen innerhalb von 48 Stunden ausgelegt. Neben der Kontaminationskontrolle der Betroffenen und, bei Bedarf, deren Dekontamination findet in der NFS auch die Abschätzung der Strahlenbelastung sowie die medizinische und psychosoziale Betreuung statt.

Für das Einrichten von Notfallstationen eignen sich vorzugsweise ortsfeste Anlagen, wie Turnhallen mit ausreichenden Parkflächen für zirka 100 Pkw mit getrennter An- und Abfahrt. Die dazu geeigneten Objekte sind vorerkundet und häufig schon im Rahmen von Übungen eingerichtet und betrieben worden. Die NFS ist in sechs Teilstationen gegliedert.

Auf der Teilstation »Verkehrslenkung, Information und Weiterleitung der Bevölkerung« wird ermittelt, ob die Personen aus dem betroffenen Gebiet kommen. Betroffene erhalten Informationen über das Hilfsangebot der NFS (das Durchlaufen der NFS ist freiwillig) und werden zur Kontaminationsprüfung weitergeleitet.

Teilstation »Kontaminationsprüfung«

Die Kontaminationsprüfung dient der schnellen Erfassung radiologischer Informationen für die weitere Behandlung der betroffenen Personen. Zum Erreichen kurzer Messzeiten eignen sich Portalmonitore. Stehen diese nicht zur Verfügung, können Dosisleistungsmessgeräte eingesetzt werden. Die Anzahl der Messplätze richten sich nach der vorhandenen Wasch-/Duschkapazität. Als Anhalt gilt die Faustformel, dass ein Messplatz für je fünf Duschplätze vorzusehen ist.

7 Dekontamination von Personen

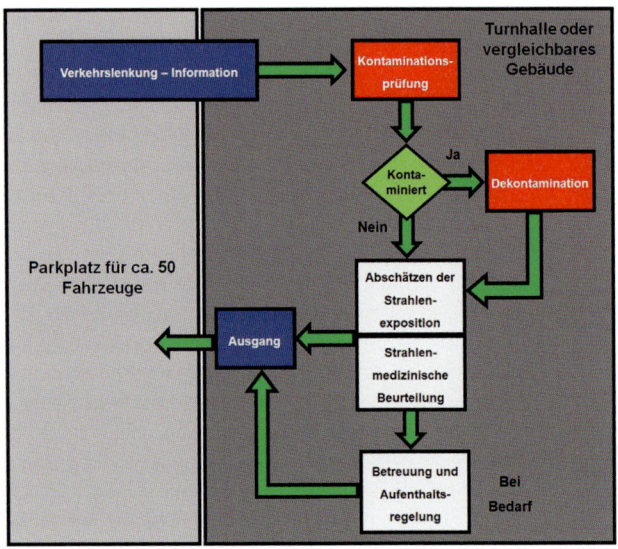

Bild 34: *Schematischer Aufbau einer Notfallstation*

Bei der Nutzung von Dosisleistungsmessgeräten wird die von einer Person ausgehende Gamma-Dosisleistung in einem Meter Abstand gemessen. Der Mindestabstand der Messplätze untereinander muss sieben Meter betragen, um eine gegenseitige Beeinflussung der Messwerte zu vermeiden.

Die sich aus den Messwerten ergebende Notwendigkeit einer Dekontamination kann der folgenden Tabelle entnommen werden. Das Ergebnis der Messung wird in einem Erhe-

7.6 Die Notfallstation (NFS)

bungsbogen vermerkt, der bei der Person bis zum Verlassen der NFS verbleibt.

Tabelle 9: *Richtwerte zur Kategorisierung betroffener Personen anhand der in einem Meter Abstand von der Körperoberfläche gemessenen Dosisleistung (vereinfacht, nach: Strahlenschutzkommission, Band 4 Medizinische Maßnahmen bei Kernkraftwerksunfällen)*

Gammadosisleistung in einem Meter Abstand	< 0,4 µSv/h	0,4 – 40 µSv/h	> 40 µSv/h
Flächenaktivität	< 0,04 kBq/cm^2	0,4 -40 kBq/cm^2	> 40 kBq/cm^2
Dekontaminationsmaßnahmen	nicht erforderlich	erforderlich	vorrangig erforderlich

Teilstation »Dekontamination«

Personen, an denen eine Flächenaktivität > 0,4 kBq/cm^2 festgestellt wurde, geben ihre Oberbekleidung ab und waschen die nicht mit Kleidung bedeckten Körperstellen unter fließendem Wasser. Bei einer Kontamination > 40 kBq/cm^2 sollte eine Ganzkörperdusche erfolgen. Die Teilstation »Dekontamination« wird für Frauen und Männer getrennt betrieben. Die Dekontamination für Frauen ist durch Helferinnen zu betreuen. Um den Durchsatz von 1 000 Personen pro Tag

7 Dekontamination von Personen

erreichen zu können, sind für die Teilstation »Dekontamination« mindestens zweimal fünf Duschplätze vorzusehen. Nach dem Abtrocknen erfolgt eine Überprüfung auf Restkontaminationen. Falls erneut erhöhte Werte gemessen werden, wird der Dekontaminationsvorgang einmal wiederholt.

Überall dort, wo kontaminierte Bekleidung, Einmalhandtücher usw. anfallen, muss rechtzeitig der Abtransport geregelt werden, um ein »Überlaufen« der Ablagebehälter und eine unnötige Strahlenbelastung zu vermeiden. Abschließend erfolgt auf der Teilstation »Dekontamination« die Ausgabe neuer Bekleidung. Die Bekleidungsausgabe ist der Beginn des »Weißbereichs« der NFS.

Weitere Teilstationen

Im Weißbereich der NFS liegen die Teilstationen »Strahlenmedizinische Beurteilung«, »Betreuung und Aufenthaltsregelung« sowie die Teilstation »Ausgang«. Hier erfolgt die Abschätzung der Strahlenbelastung der Betroffenen anhand des Aufenthaltsortes, der Aufenthaltszeit und der durch die Kontaminationsprüfung erhaltenen Messwerte. Die Abschätzung der Exposition stellt die Grundlage für die weitergehende Behandlung betroffener Personen dar, wie die Ausgabe von Kaliumjodid-Tabletten. Personen, die vorerst nicht mehr in ihre Wohnung zurückkehren können, werden bei Bedarf Ausweichunterkünfte zugewiesen.

Bis zum Verlassen der NFS erhalten die Betroffenen Verpflegung und psychosoziale Betreuung. Jeder Person, die die NFS durchlaufen hat, wird vor Verlassen ein Erhebungsbogen ausgehändigt, auf dem u. a. die abgeschätzte Dosisbelastung

7.6 Die Notfallstation (NFS)

vermerkt ist. Ferner erhalten die Betroffenen Informationen zum weiteren Verhalten.

Schutz der Helfer
Aufgrund der zu erwartenden geringen Kontaminationsgefahr sieht die RE-NFS für die im Schwarzbereich eingesetzten Einsatzkräfte einen Staubschutzanzug CAT III Typ 5/6 in Verbindung mit einer Halbmaske FFP2 sowie Einmalhandschuhe und Füßlinge vor. Das Personal der NFS ist dosimetrisch zu überwachen. Für Helfer, die den Schwarzbereich verlassen, ist daran angelehnt ein Kontaminationsnachweisplatz mit Dekontaminationsmöglichkeit einzurichten.

8 Dekontamination von Geräten und Infrastruktur (Dekon G)

Unter dem Begriff Dekon G versteht die FwDV 500 die Grobreinigung von Geräten durch die Feuerwehr. Darunter fallen sowohl die eigene Ausrüstung als auch fremde Geräte. Wie die Dekontamination von Personen, sollte auch die Gerätedekontamination möglichst frühzeitig erfolgen. Dazu wird die Dekon G bereits als Grobreinigung an der Einsatzstelle durchgeführt, um die Gefahr einer möglichen Schädigung des Materials durch den Gefahrstoff und Risiken beim Transport zu minimieren.

Grob dekontaminiertes eigenes Gerät wird verpackt (z. B. in Foliensäcke) und gekennzeichnet (Anhänger/Aufkleber mit Einsatzort, -datum, Inhalt, Art der Kontamination). Nach ihrer sicheren Verpackung verbleiben kontaminierte Geräte grundsätzlich im Gefahrenbereich (i. d. R. im Schwarzbereich des Dekon-Platzes), bis weitere Maßnahmen mit der zuständigen Behörde festgelegt wurden. Diese entscheidet über die Freigabe zur weiteren uneingeschränkten Nutzung oder eine Entsorgung. Ist bei Großschadenereignissen ein erneuter Einsatz bereits genutzter Ausrüstung erforderlich, muss der Einsatzleiter lageabhängig entschieden, ob und wie grob gereinigte Geräte erneut eingesetzt werden können. Fremde Geräte werden ebenfalls grob dekontaminiert, falls es aus einsatztaktischer Sicht notwendig ist.

Soll Gerät weiterhin genutzt werden, ist ggf. eine gründliche Dekontamination erforderlich. Die dazu notwendigen Maßnahmen legt die Fachbehörde fest. Falls die Möglichkeit einer gründlichen Dekontamination besteht (davon ist in der Masse der ABC-Einsätze auszugehen), muss entschieden werden, ob sie an der Einsatzstelle erfolgen kann, oder ob an einem anderen Ort mit geeigneter Infrastruktur, z. B. einer Waschanlage, dafür bessere Bedingungen herrschen. Dabei ist immer die Gefahr einer Kontaminationsverschleppung im Rahmen dieser Maßnahmen zu beachten. Falls ein Transport von grob dekontaminiertem Gerät erfolgen soll, darf dieser nicht im Mannschaftsraum von Fahrzeugen durchgeführt werden.

Wie bei der Dekontamination von Personen ist auch bei der Gerätedekontamination die Schwarz-Weiß-Trennung streng einzuhalten. Dabei ist sicherzustellen, dass nur dekontaminiertes Material vom Schwarzbereich in den Weißbereich gelangt. Die Kennzeichnung von bereits dekontaminiertem Material hilft, eine Vermischung zu verhindern. Die Dekontamination ist schriftlich festzuhalten, um nachweisen zu können, was, wann, wo, wie dekontaminiert wurde. Die Dekontamination anderer Schutzgüter, wie kontaminierter Infrastruktur (z. B. Verkehrswege oder der Umwelt), kann die Feuerwehr in Unterstützung der zuständigen Fachbehörden durchführen.

Ein weiteres Beispiel für den Einsatz der Feuerwehr in Amtshilfe ist die Desinfektion von Fahrzeugen im Rahmen der Tierseuchenbekämpfung. Diese wird durch die zuständige Veterinärbehörde angeordnet und geleitet. Die Verfahrensabläufe zur Desinfektion sind in den Empfehlungen zur Desinfektion bei Tierseuchen des Friedrich-Loeffler-Instituts (Stand 2019) festgelegt. Davon abweichende Festlegungen des zu verwendenden Desinfektionsmittels, seiner Konzentration und der Einwirkzeiten dürfen nur durch die anordnende Veterinärbehörde getroffen werden.

8 Dekontamination von Geräten und Infrastruktur

8.1 Dekontamination von Persönlicher Sonderausrüstung und Kleingeräten

Darunter fallen alle tragbaren Ausrüstungsteile und Geräte. Bei der Dekontamination kann wie folgt vorgegangen werden:

Schritt	Dekontaminationsart		
	A	B	C
Einteilung nach Dekontaminierbarkeit, Vorbereitung zur Dekontamination	X	X	X
Vorreinigung/Vorläufige Desinfektion	X	X	X
Auftragen der Dekontaminationslösung	X	X	X
Einwirkzeit		X	(X)
Nachreinigung	X	X	X
Kontaminationskontrolle	X		(X)
Übergabe zur Freigabe	X	X	X

Bild 35: *Ablaufschema der Dekontamination von Gerät (da die Dekontamination i. d. R. an einer Stelle erfolgt, ist keine Einteilung in Stationen erforderlich)*

8.1 Dekontamination von Persönlicher Sonderausrüstung

Einteilung nach Dekontaminierbarkeit und Vorbereitung zur Dekontamination

Im ersten Schritt wird das kontaminierte Material in die folgenden Gruppen getrennt:

- unempfindliches Gerät, z. B. Armaturen, Schlauchmaterial, Dichtkissen usw.;
- empfindliches Gerät, z. B. Funkgeräte, Messgeräte usw.;
- Gerät, das keine Dekontamination rechtfertigt, z. B. benutzte Einmal-Schutzanzüge.

Öffnungen an empfindlichen Geräten werden mit Verschlusskappen abgedichtet.

Vorreinigung

Im zweiten Schritt erfolgt das Entfernen von sichtbaren Kontaminationen und anhaftenden Schmutz. Unempfindliche Geräte können unter Einsatz von Hochdruckreinigern oder Strahlrohren gereinigt werden. Empfindliche Geräte lassen sich vorsichtiges Abbürsten oder Abwischen mit Reinigungslösung säubern. Ein Eindringen von Flüssigkeit in Anschlüsse oder Gehäuseöffnungen ist dabei zu vermeiden.

Bei B-Gefahrstoffen ist eine Vorläufige Desinfektion vorgeschaltet, um eine Kontaminationsverschleppung während der Vorwäsche zu vermeiden. Dazu sind die Geräte vor der Vorreinigung mit Desinfektionslösung zu belegen. Die Einwirkzeit beträgt für die vorläufige Desinfektion fünf Minuten, falls nicht anders vorgegeben.

8 Dekontamination von Geräten und Infrastruktur

Auftragen der Dekontaminationslösung

Das Aufbringen der Dekontaminationslösung erfolgt abhängig von der Art des Geräts. Empfindliches Gerät wird mehrmals vorsichtig mit Lösungsmitteln oder Netzmittellösung abgewaschen. Ein Eindringen von Flüssigkeit in Anschlüsse oder Gehäuseöffnungen ist dabei zu vermeiden. Anhaftende schwer lösliche Stoffe lassen sich durch Bindetücher teilweise entfernen. Das Aufbringen des Dekontaminationsmittels kann mit einem Pinsel oder einer Sprühflasche erfolgen. Bei unempfindlichen Geräten erfolgt das Aufbringen der Dekontaminationsmittel z. B. mit einer Gartenspritze. Anhaftende Kontaminationen lassen sich mit einer Bürste und erwärmter Netzmittellösung oder mit Bremsenreiniger beseitigen.

Einwirken

Ist für das Dekontaminationsmittel eine Einwirkzeit erforderlich, erfolgt die Sicherstellung des dauernden Kontakts mit der zu desinfizierenden Oberfläche für unempfindliche Geräte am einfachsten durch eine Tauchdekontamination. Empfindliche Geräte müssen wiederholt besprüht werden.

Nachreinigung

Nach Ablauf der Einwirkzeit schließt sich eine Nachreinigung zur Entfernung der Dekontaminationslösung und darin gelösten Schadstoffresten durch Abwaschen an.

Kontaminationskontrolle

Die Nachkontrolle gemäß den Kapiteln 4 bis 6 beendet die Gerätedekontamination durch die Feuerwehr. Das dekontaminiertes Gerät wird gekennzeichnet und zur Freigabe übergeben.

Die Dekontamination der Persönlichen Schutzausrüstung kann in den meisten Feuerwehren nur durch eine Reinigung der Oberflächen erfolgen. Nachdem der Anzug vor dem Ablegen grob gereinigt worden ist, muss er danach schnellstmöglich gründlichen gesäubert werden, um noch auf der Oberfläche befindlichen Schadstoffreste zu entfernen. Durch Netzmittelzusatz, erhöhte Temperatur (wobei 60 °C nicht überschritten werden sollten) und Druck kann die Reinigungswirkung auch gegenüber zähflüssigen Substanzen gesteigert werden. Um bei einem Einsatz von Hochdruckreinigern Beschädigung an den Schutzanzügen zu vermeiden, ist ein Abstand von mindestens 30 cm zwischen Anzug und Düse einzuhalten. Dadurch wird der Aufpralldruck soweit herabgesetzt, dass mit negativen Auswirkungen nicht mehr zu rechnen ist. Bereits in den Schutzstoff des Anzugs eingedrungene Schadstoffe lassen sich durch die gründliche Reinigung allerdings nicht entfernen. In diesem Fall wird die Aussonderung empfohlen.

Muss die PSA im Rahmen eines ABC-Einsatzes erneut benutzt werden, ist eine Nachkontrolle durchzuführen. Im Anschluss an diese sollte die Innenseite desinfiziert werden.

8.2 Dekontamination von Fahrzeugen

Die Dekontamination von Fahrzeugen und Großgeräten läuft von der Abfolge der Stationen ähnlich den Schritten der Kleingeräte-Dekontamination ab. Um zu gewährleisten, dass alle Bereiche eines Fahrzeugs dekontaminiert werden, wird ein festgelegtes Vorgehen angewendet. Alle Waschvorgänge sind von oben nach unten durchzuführen, wobei ein Helfer vorne links beginnt und sich L-förmig bis zur rechten Ecke des Fahrzeughecks vorarbeitet. Ein zweiter Helfer beginnt hinten rechts und arbeitet sich bis zur linken Vorderkante des Fahrzeugs vor. Ladeflächen werden von der Vorderwand zum Fahrzeugheck hin bearbeitet.

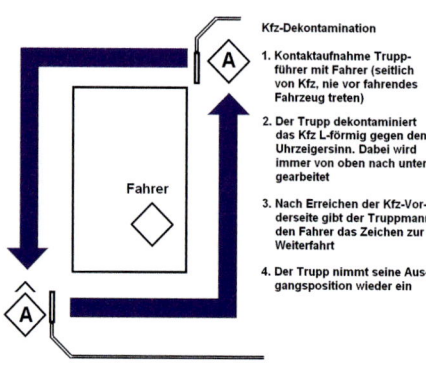

Bild 36: *L-förmiges Vorgehen eines Trupps bei der Dekontamination von Fahrzeugen*

Da die Dekontamination von Großgerät in der Regel nicht zeitkritisch erfolgt, ist vor Beginn der Arbeiten die Abstimmung mit der zuständigen Fachbehörde zu suchen. Neben den anzuwendenden Dekontaminationsmitteln ist die Frage des anfallenden Abwassers zu klären. Die ablaufende Reinigungslö-

8.2 Dekontamination von Fahrzeugen

sung ist aufzufangen, um zu verhindern, dass Schmierstoffe und abgewaschene Gefahrstoffe weggespült werden. Dabei ist zu prüfen, ob fest installierte Waschplätze (z. B. Waschhallen für die Tankreinigung) genutzt werden können. Ist diese Möglichkeit nicht gegeben, müssen Auffangwannen aus Teichfolie und Kanthölzern, Sandsäcken o. ä. erstellt werden. In diesem Fall ist die Möglichkeit des Abpumpens und der Zwischenlagerung der Abwässer vorzusehen. Die Auffangwanne sollte je Fahrzeug-Waschplatz eine Mindestlänge von 15 m und eine Breite von 5 m aufweisen.

Bild 37: *Desinfektion eines Fahrzeugs in einer improvisierte Auffangwanne, zu beachten: Sammelbehälter für Abwasser rechts im Bild (Foto: Klaus Ehrmann)*

8 Dekontamination von Geräten und Infrastruktur

Können die Dekontaminationsabwässer in die Kanalisation abgegeben werden, ist für die Fahrzeugdekontamination ein Platz mit Ölabscheider festzulegen. Dabei ist zu beachten, dass die Verwendung von Netzmitteln einfache Leichtflüssigkeitsabscheider »überlistet«. Eine elegante Lösung stellt ein absperrbares Kanalsystem dar, in dem kontaminiertes Abwasser bis zur Entsorgung zurückgehalten werden kann.

Aufgrund der hohen körperlichen Beanspruchung und der erforderlichen Konzentration bei Dekontaminationsarbeiten, ist ausreichend Wechselpersonal einzuplanen. Personal, das den Schwarzbereich verlässt, muss eine Dekon P durchlaufen.

Station 1 »Einweisung der Kraftfahrer/Abladen kontaminierter Geräte«

An der Station 1 »Einweisung« steuert ein Helfer die ankommenden Kfz in die Dekontamination ein und informiert die Fahrer in knapper Form über Ablauf und Zeitbedarf. Dazu gehören, dass Fahrzeuge nur auf Aufforderung des Personals bewegt werden, die zu beachtenden Verbindungszeichen sowie Hinweise zum Verlassen des Fahrzeugs während der Dekontaminationsarbeiten. Hier haben sich Vordrucke mit Piktogrammen bewährt. Ferner ist zu erfragen, ob die Gefahr der Innenraum-Kontamination besteht, z. B. durch Aus- und Einsteigen oder Ladetätigkeiten im kontaminierten Bereich. Kontaminierte Geräte werden abgeladen und bei Bedarf dekontaminiert. Der Einweiser steht mit dem Führer des Dekon-Platz G über Funk in Kontakt.

8.2 Dekontamination von Fahrzeugen

Station	Dekontaminationsart		
	A	B	C
1 Einweisung/Abladen kontaminierter Geräte	X	X	X
2B Vorläufige Desinfektion		X	
2 Vorreinigung (Zeitansatz Pkw 5 min, Lkw 10 min)	X	X	X
3 Aufbringen der Dekontaminationslösung (Zeitansatz Pkw 10 min, Lkw 20 min)	X	X	X
4 Einwirken, bei Bedarf Dekontamination des Fahrzeug-Innenraums (Zeitansatz abhängig vom verwendeten Dekontaminationsmittel, Anhalt 30 min)		X	X
5 Nachreinigung (Zeitansatz Pkw 5 min, Lkw 10 min)	X	X	X
6 Kontaminationskontrolle	X		(X)
7 Freigabe durch Fachbehörde	X	X	X

Bild 38: *Ablauf der Dekontamination von Fahrzeugen*

Station 2B »Vorläufige Desinfektion«

Bei B-Gefahrstoffen ist eine vorgeschaltete Vorläufige Desinfektion vorgeschrieben, um eine Kontaminationsverschleppung während der Vorwäsche zu vermeiden. Dazu ist das

Fahrzeug noch vor der Vorreinigung mit Desinfektionslösung bei geringem Druck (unter 10 bar) zu belegen. Die Einwirkzeit beträgt für die vorläufige Desinfektion fünf Minuten, falls nicht anders vorgegeben. Nach Ablauf der Einwirkzeit wird das Fahrzeug wie oben beschrieben, gründlich gereinigt und zehn Minuten getrocknet. Dazu sind Wasserlachen auf Oberflächen mit Abziehern o.ä. zu entfernen).

Station 2 »Vorreinigung«
Durch die Vorreinigung wird grob anhaftender Schmutz entfernt. Dabei sind besonders die Fahrzeugunterseiten, Radkästen und die Reifen (Zwischenräume bei Zwillingsbereifung nicht vergessen) zu behandeln. Dieser Arbeitsschritt ist erforderlich, um den ungehinderten Kontakt des Dekontaminationsmittels mit anhaftenden Gefahrstoffen zu gewährleisten. Andernfalls können unter Verschmutzungen vorhandene Kontaminationen der Einwirkung des Dekontaminationsmittels entzogen werden. Der minimale Wasserverbrauch ist je Großfahrzeug mit mindestens 500 Litern anzusetzen. Möglichst sind dazu Hochdruckreiniger zu nutzen (Druck 50 bar, Wassertemperatur 60°C, Netzmittelzusatz). Die Station 2 ist mit zwei Helfern besetzt, die mit Hochdruckreinigern bzw. Strahlrohren ausgestattet sind. Die Fahrzeugunterseite kann mit einem Hydroschild abgewaschen werden.

Station 3 »Aufbringen der Dekontaminationslösung«
Auf der Station 3 erfolgt die Belegung mit Dekontaminationsmitteln. Die Fahrzeugflächen werden mit der vorgegebenen Dekontaminationsmittel-Lösung bis zu deren Abtropfen belegt (ca. 400 ml/m^2). Mehr ist nicht erforderlich, da die abtropfende

8.2 Dekontamination von Fahrzeugen

Lösung nicht zur Dekontamination beiträgt. Wichtiger ist die lückenlose Belegung der Fahrzeugoberfläche, wobei auch hier die Unterseiten problematisch sind. Diese können mittels Hydroschild bearbeitet werden. Fahrzeug-Oberseiten müssen durch die Nutzung von Gerüsten, der Dachgalerie von Löschfahrzeugen, Drehleitern o.ä. dekontaminiert werden. Das dort eingesetzte Personal ist gegen Absturz zu sichern.

Falls ein Sprührahmen zur Verfügung steht, werden schwer zugängliche Stellen manuell bearbeitet und danach die großen Fahrzeugflächen beim Durchfahren des Rahmens eingesprüht.

Bild 39: *Sprührahmen zum Aufbringen von Desinfektionslösung (Foto: Thilo Schuppler)*

An dieser Station werden, abhängig von der Anzahl der kontaminierten Fahrzeuge, zwei Helfer je Waschplatz eingesetzt. Zum Aufbringen der Dekontaminationsmittel können neben Strahlrohren und Hochdruckreinigern auch wasserführende Bürsten und Breitstrahlrohre genutzt werden.

Station 4 »Einwirken/Innenraumdekontamination«
Viele Dekontaminationsmittel benötigen für die Reaktion mit Schadstoffen eine bestimmte Reaktionszeit. Während dieses Zeitraums muss sichergestellt sein, dass die kontaminierte Oberfläche permanent mit Dekontaminationslösung in Kontakt steht. Dazu ist auf der Station 4 die Möglichkeit zur Nachbelegung zu schaffen.

Um Witterungseinflüsse auf die einwirkenden Dekontaminationslösungen zu vermeiden, bietet sich das Abstellen der Fahrzeuge unter Schleppdächern oder in Hallen an (dabei ist die Gefahr der Kontaminationsverschleppung zu beachten). Die Station muss so erkundet sein, dass, besonders bei längeren Einwirkzeiten, ausreichend Abstellplätze zur Verfügung stehen.

Sind Fahrzeug-Innenräume zu dekontaminieren, kann dazu die Einwirkzeit genutzt werden. Staubförmige Kontaminationen können durch Absaugen entfernt, bzw. minimiert werden. Glatte Flächen werden durch Abwaschen mit Netzmittellösung und Wischlappen sowie gründliches Nachspülen mit Wasser dekontaminiert. Die dazu genutzten Reinigungslösungen und Wischlappen sind nach jedem Fahrzeug-Innenraum zu wechseln, um eine Kontaminationsverschleppung zu vermeiden. Biologische Kontaminationen werden mittels Sprühdesinfektion sowie Wisch- und Scheuerdesinfektion beseitigt. Für die

8.2 Dekontamination von Fahrzeugen

Sprühdesinfektion eignen sich handelsübliche Gartenspritzen. Durch Heizen des Innenraums können bei kälteren Temperaturen günstige Bedingungen für die Desinfektion erreicht werden. Chemische Kontaminationen werden mit Waschlösungen oder dem Einsatz von Lösungsmitteln entfernt. Flüssigkeiten mit niedrigem Siedepunkt können durch Lüften beseitigt werden. Dieses kann passiv durch Öffnen der Türen oder aktiv unter Zuhilfenahme eines Gebläses erfolgen. Für die Einwirk-Station ist ein Helfer (mit kontaminationsfrei verpackter Uhr) vorzusehen. Müssen Innenräume dekontaminiert werden, ist je Kfz-Abstellplatz ein weiterer Helfer mit der dafür notwendigen Ausrüstung einzuplanen.

Station 5 »Nachreinigung«
Die häufig korrosiven Dekontaminationsmittel und darin befindliche Kontaminationsreste werden nach Ablauf der Einwirkzeit durch Abspritzen mit klarem Wasser gründlich entfernt, um Korrosionsschäden am Fahrzeug vorzubeugen. Dazu sind zwei Helfer mit Strahlrohren vorzusehen.

Station 6 »Kontaminationskontrolle«
Stehen geeignete Messgeräte zur Verfügung, kann die Feuerwehr bei der Nachkontrolle unterstützen. In diesem Fall kann nach den Grundsätzen gemäß den Kapiteln 4 bis 6 vorgegangen werden.

Station 7 »Freigabe«
Da die gründliche Dekontamination von Fahrzeugen in Amtshilfe für eine Fachbehörde erfolgt, ist diese für die Freigabe der dekontaminierten Fahrzeuge verantwortlich. Die Dekontami-

8 Dekontamination von Geräten und Infrastruktur

nation wird, einschließlich der Ergebnisse der Nachkontrolle, protokolliert.

8.2.1 Aufbau des Dekon-Platzes G in Abhängigkeit vom Fahrzeugaufkommen

Für die Dekontamination von wenigen Fahrzeugen pro Tag können alle Stationen an einem Dekonplatz durchgeführt werden. Bei einem Fahrzeugaufkommen von bis zu einem Fahrzeug pro Stunde sollte ein zweistufiger Dekonplatz mit zwei direkt hintereinanderliegenden Auffangwannen eingerichtet werden. Bei Nutzung eines Sprührahmens wird dieser vor dem Übergang von der ersten in die zweite Wanne installiert.

Müssen kontinuierlich Fahrzeuge dekontaminiert werden, besteht die Möglichkeit, mehrere zweistufige Dekonplätze parallel zu betreiben, oder die Stationen getrennt einzurichten. Die erste Variante ist einfacher zu organisieren. Die zweite Variante (früher auch bekannt als DekonStelle G oder MatE-Platz) hat den Vorteil, zeitintensive Stationen so oft einzurichten, dass kein Leerlauf entsteht. Die Organisation der Fahrzeugbewegungen ist aber viel komplexer, weshalb diese Variante nur bei gut eingespielten Dekon-Einheiten angewendet werden sollte.

Das Durchlaufen aller Stationen ist nicht immer notwendig. Benötigt ein Dekontaminationsmittel keine Einwirkzeit, kann beispielsweise diese Station entfallen. Die Innenraumdekontamination wird dann, falls erforderlich, zwischen Station 5 und Station 6 eingeschoben.

8.2 Dekontamination von Fahrzeugen

Dekontamination bei geringem Anfall kontaminierter Fahrzeuge

Dekontamination einzelner Kfz / Tag   Alle Arbeitsschritte finden auf einer Station statt
(außer der Nachkontrolle)

Dekontamination 1 Kfz / Stunde
1. Vorläufige Desinfektion / Vorreinigung / Belegen mit Dekontaminationsmittel
2. Einwirkstation / Nachreinigung
3. Nachkontrolle

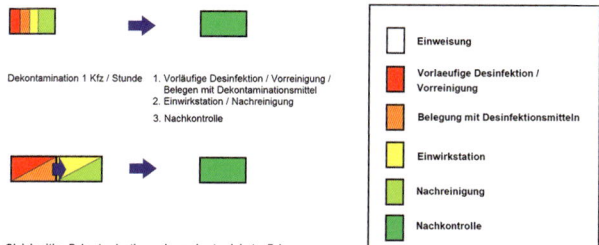

Gleichzeitige Dekontamination mehrerer kontaminierter Fahrzeuge

Variante 1: parallele Einrichtung mehrerer zweistufiger Dekontaminationsplätze mit zentraler Einweisung und Nachkontrolle

Variante 2: Einrichtung mehrer Behandlungsstationen, die eine Dekontamination ohne Zeitverzug ermöglichen

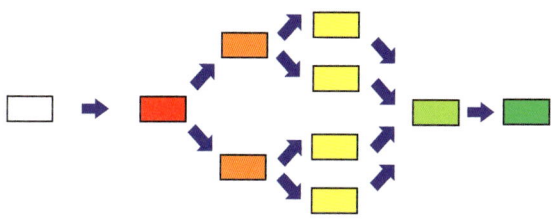

Bild 40: *Aufbaualternativen von Dekontaminationsplätzen für Fahrzeuge*

8.2.2 Ermittlung des Zeitbedarfs

Die für die Dekontamination erforderliche Zeit kann anhand der Anzahl der kontaminierten Fahrzeuge und der verfügbaren Dekon-Plätze ermittelt werden. Dazu kann die folgende Formel genutzt werden:

$$Zeitbedarf = \frac{Anzahl\ Kfz}{Kapazität\ der\ Dekonplätze \times Anzahl\ Dekonplätze}$$

Der Zeitbedarf für das erste Fahrzeug ist abhängig von der Art der Kontamination. Für jedes weitere Fahrzeug wird der Aufbau der Behandlungsplätze das entscheidende Kriterium.

8.3 Dekontamination von Gebäuden und Infrastruktur

Tabelle 10: *Zeitbedarf für die Dekontamination von Fahrzeugen, die Zeitangaben sind Erfahrungswerte und beziehen sich auf Großfahrzeuge ($\geq$7,5 t), für Pkw kann der Zeitansatz halbiert werden (gilt nicht für Einwirkzeiten). Anhänger sind wie Kfz vergleichbarer Größe zu berücksichtigen. Die Zeitangaben für die Desinfektion basieren auf den Empfehlungen zur Desinfektion bei Tierseuchen des Friedrich-Loeffler-Instituts.*

Dekontaminationseinrichtung	Kapazität pro Stunde (Anhalt ohne Nachkontrolle)		
	Entstrahlung	Desinfektion	Entgiftung
Einstufiger Aufbau	1 Kfz/40 min	1 Kfz/95 min	1 Kfz/40 min + Einwirkzeit
Zweistufiger Aufbau	1. Kfz nach 40 min, dann 1 Kfz/30 min	1. Kfz nach 95 min, dann 1 Kfz/60 min	1. Kfz nach 40 min (+ Einwirkzeit), dann 1 Kfz/ 30 min
Dekon-Platz G mit getrenntem Stationen-Aufbau	1. Kfz nach 40 min, dann 1 Kfz/10 min	1. Kfz nach 95 min, dann 1 Kfz/15 min	1. Kfz nach 40 min (+ Einwirkzeit), dann 1 Kfz/ 10 min

8.3 Dekontamination von Gebäuden und Infrastruktur

Die Masse der in der Feuerwehr anfallenden Dekontaminations-Einsätze entfällt auf die Dekontamination von Infrastruktur: die

8 Dekontamination von Geräten und Infrastruktur

Beseitigung von Ölspuren. Bei dem Einsatz auf Verkehrswegen sind Bindemittel mit der Kennzeichnung »S« einzusetzen. Diese besitzen eine ausreichende Rutschfestigkeit, um auch bei zurückbleibenden Bindemittelresten eine sichere Straßenbenutzung zu gewährleisten. Das Bindemittel ist nach Einarbeiten mit dem Besen wieder aufzunehmen, um eine Verteilung des gebundenen Schadstoffs in der Umwelt zu vermeiden. Von dem früher propagierten Nachwaschen der Straße mit Netzmittellösung und klarem Wasser wird heute abgesehen.

Aufgenommene Bindemittel sind möglichst schnell in verschließbare Behälter zu füllen, um eine Gefährdung durch den ausgasenden Schadstoff zu vermeiden. Ein der Gefahrenlage angepasster Brandschutz muss sichergestellt sein. Bei Einsätzen auf Verkehrsflächen sind ausreichend Kräfte für die Absicherung der Einsatzstelle bereitzustellen. Neben Verkehrsflächen können Gebäude durch Gefahrstofffreisetzungen kontaminiert werden. In Laboren und Fabrikationsbereichen sollte das Vorgehen immer mit dem zuständigen Fachpersonal abgestimmt werden.

Aufgrund der unterschiedlichen Werkstoffe und der Oberflächengestaltung treten für die Dekontamination ähnliche Probleme wie bei der Innenraum-Dekontamination von Fahrzeugen auf. Deshalb können auch die dort angewendeten Verfahren übernommen werden. Problematisch sind in poröse Materialien, wie Holz oder Putz, eingedrungene Schadstoffe. In solchen Fällen ist durch eine Fachbehörde zu prüfen, ob die Fläche versiegelt werden kann, die oberste Materialschicht entfernt werden muss, oder nur eine Entsorgung in Frage kommt. Diese Maßnahmen fallen aber schon in den Bereich der Sanierung. Die Desinfektion erfolgt nach den aus dem klinischen Bereich bekannten Grundsätzen.

8.3 Dekontamination von Gebäuden und Infrastruktur

Bild 41: *Dekontaminationsarbeiten in einer Lagerhalle*

Bei der Auswahl des Atemschutzes muss berücksichtigt werden, dass sich in Gebäuden höhere Schadstoffkonzentrationen ausbilden können. Der Einsatz von Bindemitteln kann ebenfalls zu einer erhöhten Schadstoffkonzentration in Innenräumen beitragen. Wurden brennbare Flüssigkeiten freigesetzt, sind alle Dekontaminationsarbeiten in Gebäuden durch Ex-Messungen zu überwachen. Wie bei allen Dekontaminationsmaßnahmen muss vor einer erneuten Nutzung eines Gebäudes eine Freigabe durch die zuständige Behörde erfolgen.

9 Sicherheit und Ausbildung

9.1 Sicherheitshinweise für Dekontaminationsarbeiten

Während und nach Dekontaminationsarbeiten sind die Regeln der Einsatzstellenhygiene einzuhalten. Der Schwarzbereich eines Dekon-Platzes gilt als Gefahrenbereich. In ihm darf weder gegessen, getrunken, noch geraucht werden. Bei Verlassen des Schwarzbereichs muss sich auch das Dekontaminationspersonal dekontaminieren. Nach dem Ablegen der PSA sind mindestens Hände und Gesicht zu waschen. Grobdekontaminiertes Gerät darf nicht in den Mannschaftsräumen von Fahrzeugen transportiert werden. Wird mit Filtergeräten gearbeitet, ist der Maskenfilter besonders bei der Eigendekontamination der Persönlichen Sonderausrüstung vor dem Eindringen von Feuchtigkeit zu schützen.

Für Dekontaminationsarbeiten an unübersichtlichen Einsatzstellen und in Innenräumen gelten grundsätzlich die gleichen einsatztaktischen Regeln wie bei einem Einsatz unter Atemschutz. Helfer, die an absturzgefährdeten Stellen arbeiten, sind entsprechend zu sichern.

Einsatzkräfte, bei denen der Verdacht einer Kontamination oder Inkorporation besteht, sind nach dem Einsatz einem ermächtigten Arzt vorzustellen. Die während eines ABC-Einsatzes aufgetretenen besonderen Vorkommnisse sind zu dokumentieren und die Aufzeichnung mindestens 30 Jahre aufzubewahren.

9.1 Sicherheitshinweise für Dekontaminationsarbeiten

9.1.1 Witterungseinflüsse

Extreme Wetterlagen führen zur schnelleren Ermüdung des Personals. Ablösung, Eigendekontamination und Aufenthaltsräume sind frühzeitig vorzubereiten. Nach Arbeiten unter PSA ist auf eine ausreichende Flüssigkeitszufuhr zu achten. Der Witterung angepasste alkoholfreie Getränke sind ausreichend bereitzustellen.

Bei großer Hitze sollte geprüft werden, ob Dekontaminationsmaßnahmen in den Abend- und Nachtstunden durchgeführt werden können. Das Personal ist in kürzeren Zeitabständen abzulösen. Für das nicht eingesetzte/abgelöste Personal ist möglichst ein schattiger Ruhebereich festzulegen.

Bei Temperaturen unter dem Gefrierpunkt muss zur Vermeidung von Kälteschäden, besonders an Fingern und Zehen, warme saugfähige Unterbekleidung getragen und das Dekontaminationspersonal regelmäßig abgelöst werden. Für abgelöstes Personal ist ein trockener Ruheraum vorzusehen. Dort ist auch Wechselbekleidung bereitzuhalten. Falls keine Gebäude verfügbar sind, können dazu Kfz genutzt werden. Können ablaufende Flüssigkeiten nicht unmittelbar aufgefangen werden, müssen Abflussmöglichkeiten vorhanden sein, um der Glatteisbildung vorzubeugen. Dort, wo mit Vereisung zu rechnen ist, sind Streumittel bereitzustellen.

9 Sicherheit und Ausbildung

9.1.2 Sicherheitsregeln beim Umgang mit Dekontaminationsmitteln

Neben den von einer Kontamination ausgehenden Gefahren birgt auch der Umgang mit Dekontaminationsmitteln Risiken. Durch Einhalten der Sicherheitsbestimmungen beim Umgang können nachteilige Folgen vermieden werden. Diese finden sich auf der Verpackung bzw. den begleitenden Sicherheitsdatenblättern. Jeder, der Umgang mit Dekontaminationsmitteln hat, ist an Hand der Sicherheitsdatenblätter über deren Eigenschaften und die entsprechenden Schutzmaßnahmen regelmäßig zu unterweisen. Im Folgenden sind einige allgemeine Regeln für den sicheren Umgang mit Dekontaminationsmitteln aufgeführt:

- Beim Ansetzen und Ausbringen von Dekontaminationsmitteln sind mindestens Schutzbrille und Schutzhandschuhe zu tragen. Die Atemschutz-Vollmaske in Kombination mit dem Filter ABEK2-P3 schützt neben Augen und Gesicht auch vor Gesundheitsgefährdung durch Einatmen von Stäuben oder Dämpfen. Während der Arbeiten ist eine Augenspülflasche mit frischem Wasser bereitzuhalten. Das Dekontaminationspersonal muss regelmäßig in den Umgang mit dieser unterwiesen werden.
- Die vom Hersteller genannten Gebrauchskonzentrationen für Dekontaminationsmittel sind einzuhalten. Dekontaminationsmittel dürfen nicht gemischt werden, außer der Hersteller weist ausdrücklich auf solche Kombinationsmöglichkeiten hin.

9.1 Sicherheitshinweise für Dekontaminationsarbeiten

- Aus den Behältern entnommene, aber nicht benötigte Dekontaminationsmittel dürfen nicht zurückgefüllt werden. Rückstände sind entsprechend den Herstellerangaben zu entsorgen.
- Da Dekontaminationsmittel häufig umweltgefährdend sind, ist ihre Freisetzung in die Umwelt auf ein notwendiges Mindestmaß zu beschränken. Ihre Verwendung in der Ausbildung wird dadurch stark eingeschränkt. Für die standardmäßig vorhandenen Mittel sollte die Entsorgung bzw. verdünnte Abgabe in die Kanalisation mit der zuständigen Behörde frühzeitig geklärt werden.
- Dekontaminationsmittel sind so zu lagern, dass sie nicht mit Lebensmitteln in Kontakt kommen können.

9.1.3 Persönliche Schutzausrüstung

Die Kontamination von Einsatzkräften sowie die Inkorporation von Gefahrstoffen in den menschlichen Körper sind durch Schutzmaßnahmen zu vermeiden. Die PSA der Dekontaminationskräfte muss dazu der Bedrohung entsprechend ausgewählt werden.

Atemschutz
Bei Tätigkeiten im Rahmen der Personendekontamination ist nur eine geringe Gefährdung durch verdampfende oder reaerosolisierte Gefahrstoffe zu erwarten. Betrachtet man, dass ein Gasfilter der Klasse 2 bis zu einer Schadstoffkonzentration von 0,5 Volumenprozent (5 000 ppm) zuverlässig schützt, so wird

deutlich, dass der Atemschutz durch den Kombinationsfilter ABEK2-P3 in Verbindung mit einer Vollmaske für die zu erwartenden Schadstoff-Konzentrationen vollkommen ausreicht. Der Inkorporationsschutz bei Einsätzen mit radioaktiven Stoffen und Krankheitserregern wird durch Verwendung eines Partikelfilters P3 (integriert in den ABEK2-P3) gewährleistet. Während der Gerätedekontamination muss mit höheren Schadstoffkonzentrationen gerechnet werden, die jedoch auch noch im Rahmen der Schutzleistung des Kombinationsfilters liegen. Dagegen muss bei Dekontaminationsarbeiten innerhalb von geschlossenen Räumen mit dem Auftreten deutlich erhöhter Konzentrationen in der Umgebungsatmosphäre gerechnet werden. Falls nicht mit Sicherheit ausgeschlossen werden kann, dass die Schadstoffkonzentration die für den Filter zugelassenen Höchstkonzentration übersteigt, ist umluftunabhängiger Atemschutz zu tragen.

Körperschutz
Der Feuerwehrschutzanzug gewährt zusammen mit einer Vollmaske (mit Atemfilter) bei der Dekon-Stufe I gegen die Masse der Gefahrstoffe in den zu erwartenden geringen Konzentrationen einen ausreichenden Schutz. Aufgrund der Gefahr einer Kontaminationsverschleppung ist aber bereits für die Dekon-Stufe II das Tragen eines wasserabweisenden Einmalschutzanzugs (DIN EN 14605 – Typ 4) mit Gummistiefeln und für die chemischen und mechanischen Belastungen geeigneten Schutzhandschuhen zu empfehlen. Der Schutzfaktor kann durch Abdichten der Übergänge mit Klebeband noch erhöht werden.

9.1 Sicherheitshinweise für Dekontaminationsarbeiten

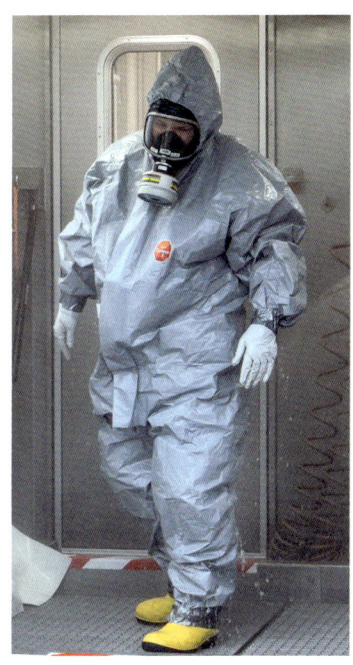

Bild 42: *Einmalschutzanzug mit Gummistiefeln und Schutzhandschuhen entsprechend der PSA Form 2 nach FwDV 500 (Foto: Klaus Ehrmann)*

9 Sicherheit und Ausbildung

Für die Tätigkeit auf dem Kontaminationsnachweisplatz bei Strahlenschutzeinsätzen wird der Körperschutz durch einen staubdichten Overall mit Kopfhaube in Kombination mit Schutzhandschuhen und Stiefeln gewährleistet (Form 1). Überall dort, wo mit dem Auftreten größerer Abwassermengen, Spritzwasser und Aerosolbildung zu rechnen ist, muss geprüft werden, ob diese einfachen Anzüge ausreichen. An diesen Einsatzorten stellt die Verwendung eines Körperschutzanzugs Form 2 (Infektionsschutzanzug oder Spritzschutzanzug) eine erhöhte Sicherheit dar.

Gebläseanzüge werden durch Sanitätskräfte bei Tätigkeiten im Gefahrenbereich (Patientenablage, Schwarzbereich des Dekon-Platz V) eingesetzt. Sie finden, z. B. in den Niederlanden, auch bei der Dekontamination von Fahrzeugen Anwendung.

Je nach Ausführung findet unter der PSA nur ein eingeschränkter Wärmeaustausch statt. Um Ausfälle des Dekon-Personals zu vermeiden, ist die Einsatzzeit zu begrenzen. Die DGUV Regel 112-190 »Benutzung von Atemschutzgeräten« gibt Anhaltswerte für die Tragedauer in Abhängigkeit von der verwendeten PSA. Zwar gilt diese Regelung nicht für Notfalleinsätze, Dekontaminationsmaßnahmen sind jedoch zumeist planbar, weshalb die Anwendung der DGUV-Regel empfohlen wird.

Wie im Atemschutzeinsatz arbeiten auch bei Dekontaminationsarbeiten immer mindestens zwei Einsatzkräfte zusammen, die sich gegenseitig auf Anzeichen von Ausfallerscheinungen oder Schäden an der Schutzbekleidung kontrollieren.

9.1 Sicherheitshinweise für Dekontaminationsarbeiten

Strahlenschutz

Die während eines A-Einsatzes durch das Personal aufgenommene Strahlendosis ist dosimetrisch zu überwachen und nach dem Einsatz schriftlich festzuhalten. Bei der Personendekontamination ist mit einer geringeren Dosisbelastung zu rechnen (für das Dekon-Personal einer Notfallstation wird von einer Belastung von 2 mSv in 24 Stunden ausgegangen), dagegen kann diese bei der Dekontamination von Fahrzeugen höher liegen. Muss, etwa bei Dekontaminationsmaßnahmen im Rahmen eines kerntechnischen Störfalls, eine größere Anzahl an Fahrzeugen dekontaminiert werden, ist die Dosisleistung am Dekon-Platz zu überwachen. Um die Belastung des Personals gering zu halten, sind Ausweichplätze festzulegen, da die Dosisleistung an den einzelnen Waschplätzen mit der Zeit durch abgespülte radioaktive Partikel zunimmt. Einsatzkräfte, die eine Strahldosis von mehr als 15 mSv aufgenommen haben, sind ärztlich zu überwachen.

Um eine Gefährdung des Personals so gering wie möglich zu halten, sind die 3-A-des-Strahlenschutzes zu beachten:

- **Abstand** halten von der Strahlenquelle durch Festlegen von Ausweichplätzen für die Stationen 2 und 3 des Dekon-Platzes für Fahrzeuge und Ablagen für kontaminiertes Gerät abseits von Arbeitsplätzen.
- **Aufenthaltsdauer** kurz halten durch regelmäßige Ablösung des an besonders belasteten Stationen eingesetzten Personals.
- Eine **Abschirmung** lässt sich dadurch erreichen, dass kontaminiertes Gerät und abgelegte Bekleidung nicht an Arbeitsplätzen zwischengelagert werden, sondern in Nebenräumen.

9 Sicherheit und Ausbildung

Hygienevorgaben

Für Hygienezwecke und damit auch für die Personendekontamination darf gemäß der deutschen Trinkwasserverordnung nur Trinkwasser verwendet werden. Um Infektionsgefahren auszuschließen, müssen die trinkwasserführenden Teile der Dekontaminationsausstattungen in vorgegebenen regelmäßigen Abständen desinfiziert werden. Vor der Nutzung zur Personendekontamination sind (falls es die Einsatzlage erlaubt) alle trinkwasserführenden Teile mit 60 °C heißem Wasser gründlich zu spülen, um Verkeimungen zu beseitigen.

9.2 Aus- und Fortbildung

Die Forderung, die Betriebsbereitschaft des Dekon-Platzes P spätestens 15 Minuten nach dem Anlegen der persönlichen Sonderbekleidung herzustellen, ist ohne die gründliche Ausbildung der Dekon-Kräfte kaum erfüllbar. Deshalb schreibt die FwDV 500 für die ABC-Ausbildung auch die Dekontamination P/G vor. ABC-Einheiten sollen jährlich mindestens eine Fortbildung, die auch die Dekontamination umfasst, sowie eine Übung absolvieren.

Die Sofort-Dekontamination muss von allen Feuerwehrangehörigen durchgeführt werden können. Sie kann in die Standardisierte ABC-Grundausbildung, die Bestandteil des Feuerwehr-Grundlehrgangs ist, und in die Erste Hilfe-Ausbildung integriert werden.

In den ABC-Einheiten muss, da die Dekontamination nur einen Teil der Feuerwehrausbildung darstellt, der Schwerpunkt auf der Dekon P liegen. Analog dem Löschangriff ist auch das

9.2 Aus- und Fortbildung

Vorgehen im Dekon-Einsatz und in der Ausbildung genau zu gliedern. Bereits durch den Platz im Fahrzeug bzw. beim Antreten ergibt sich die Funktion der Einsatzkräfte bei Aufbau und Betrieb des Dekon-Platzes. Der Aufbau sollte immer dem gleichen Ablauf folgen:

1. Herstellen der Bereitschaft zur Sofort-Dekontamination, dann
2. Ausbau zum Dekon-Platz P.

Die Weiterbildung gemäß FwDV 500 kann ein Modul »Dekontamination« beinhalten, dass aus den Stationen Aufbau Dekon-Platz P, Ablegen der PSA und Kontaminationsnachweis besteht.

Im Rahmen der CSA-Ausbildung sollte auch eine kurze theoretische Unterweisung in den Ablauf der Dekontamination auf dem Dekon-Platz integriert werden. Die In-Übung-Haltung der CSA-Träger beinhaltet auch das korrekte Ablegen der PSA, um die Trägerinnen und Träger an den sicheren Ablauf des Auskleidens zu gewöhnen. Führungskräfte der Gefahrenabwehr müssen über die Notwendigkeit der Dekontamination, die räumliche Festlegung des Dekon-Platzes P und der Vorlaufzeit bis zum Herstellen der Arbeitsbereitschaft informiert sein.

So wie auch der reale Gefahrstoffeinsatz mit der Dekontamination endet, muss die Dekontamination (einschließlich der Eigendekontamination der Dekon-Kräfte) Teil jeder Gefahrstoffübung sein. Wichtig ist das gemeinsame Üben der Dekon-Kräfte mit anderen Gefahrstoffeinheiten, damit kontaminierte PSA-Träger nicht nur durch eigene Helferinnen und Helfer »gespielt« werden. Nur so lässt sich die Gefahr bannen, dass die Übungs-Kontaminierten Fehler des Dekon-Personals ausgleichen. Durch das gemeinsame Üben lassen sich Verständigungs- und Abstimmungsprobleme bereits im Vorfeld lösen.

Wann immer möglich ist der Rettungsdienst in Ausbildung und Übungen zu integrieren. Schwerpunkte sind dabei die Schnittstellen zwischen Dekon-Kräften und Rettungsdienstpersonal, die gefährdeten und gefährdungsfreien Bereichen des Dekon-Platzes und die Möglichkeiten des ABC-Schutzes.

Das für die Dekon V, den Einsatz in Notfallstationen oder die Gerätedekontamination vorgesehene Personal ist gesondert auszubilden. Um nicht alle Kräfte »so ein bisschen anzubrüten«, wird empfohlen, auf »Enthusiasten« mit besonderem Interesse an der Thematik zurückzugreifen. Dieses Kernpersonal kann im Einsatzfall dann die Schlüsselpositionen besetzen, während alle Hilfsfunktionen durch PSA-Träger wahrgenommen werden können.

Da die Geräte-/Kfz-Dekontamination im Vergleich zur Personendekontamination nicht so zeitkritisch ist, kann eine jährliche Ausbildung als ausreichend angesehen werden.

Einsatz von Darstellungsmitteln
Um bei den Einsatzkräften eine Vorstellung für die möglichen Gefährdungen, welche von einer Kontamination ausgehen, zu vermitteln und gleichzeitig den Erfolg der Dekontamination überprüfen zu können, sind Kontaminationslagen so realitätsnah wie möglich zu simulieren.

9.2 Aus- und Fortbildung

Darstellung radiologischer Gefahren

Eine einfache Möglichkeit, radioaktive Kontaminationen darzustellen, bieten handelsübliche Vollwaschmittel mit Weißmacheranteil. Diese können trocken (möglichst auf eine angefeuchtete Oberfläche) oder als gesättigte wässrige Lösung auf Fahrzeuge und Ausrüstung aufgebracht werden. Die Weißmacher fluoreszieren unter UV-Licht, sodass Restkontaminationen nach Durchlaufen der Dekontamination mit einer UV-Lampe in einem abgedunkelten Raum, z. B. einer Fahrzeughalle, sichtbar gemacht werden können. Eine Kontamination der Bekleidung lässt sich auf diese Weise nicht darstellen, da diese durch vorhergehendes Waschen bereits fluoresziert.

An Geräten können punktuelle Restkontaminationen durch das Anbringen eines Prüfstrahlers simuliert werden. Wird eine Dekontamination geplant, ist der Prüfstrahler durch einen Plastikbeutel gegen Feuchtigkeit zu schützen. Der Prüfstrahler muss gut befestigt werden, um eine Beschädigung oder einen Verlust zu vermeiden und ist zu beaufsichtigen.

Für das Üben der Dekon V können radioaktive Kontaminationen an Personen beispielsweise mit fluoreszierenden Darstellungsmitteln simuliert werden. Die Kontaminationskontrolle mit radioaktiven Strahlenquellen sollte an Puppen geübt werden.

Darstellung biologischer Gefahrstoffe

Kontaminationen mit biologischen Gefahrstoffen können wie A-Kontaminationen mit Vollwaschmittel oder mit dem Darstellungsmittel ToxSim simuliert werden.

Sicherheit und Ausbildung

Darstellung chemischer Gefahrstoffe

Säuren können einfach mit Essigessenz darstellt werden, welche Indikatorpapiere rötlich färbt. Laugen lassen sich durch Sodalösung, Kalklösung oder Schmierseifenlösung simulieren. Diese färben das Indikatorpapier blau. Zur Simulation von Kraftstoffen kann, falls eine Ex-Messung durchgeführt werden soll, Brennspiritus benutzt werden. Dabei ist die Brandgefahr zu beachten.

Schwerlösliche organische Gefahrstoffe und chemische Kampfstoffe werden am besten mit dem Darstellungsmittel ToxSim dargestellt. Dieses kann auch auf der Haut angewendet werden, ist unbedenklich für die Umwelt und erfordert aufgrund seiner Haftfähigkeit ein gründliches Arbeiten der Dekontaminationskräfte. Da es fluoresziert, kann der Dekontaminationserfolg mit einer UV-Lampe überprüft werden.

Fazit

Ende gut – alles gut! Dies kann auch als Motto eines Gefahrstoffeinsatzes gelten, an dessen Abschluss die Dekontamination das sichere Verlassen des Gefahrenbereichs gewährleistet.

Wie bei anderen Aufgaben der Feuerwehr ist für das erfolgreiche Arbeiten in der Dekontamination eine solide Ausbildung Voraussetzung. Das Rote Heft vermittelt dazu fachliche Grundlagen, auf deren Basis die Praxis aufbauen kann. Letztlich entscheidend ist die sichere Anwendung der Grundlagen im Einsatz.

In diesem Sinne: genug gelesen, Helm auf, üben …

Literaturverzeichnis

Baden-Württemberg, Ministerium für Inneres, Digitalisierung und Migration: »Landeskonzept Baden-Württemberg Dekontaminationsplatz-Verletzte 50 (Dekon-V Platz 50 BaWü)«, 2016.

Bundesamt für Bevölkerungsschutz und Katastrophenhilfe: »Rahmenkonzept zur Dekontamination verletzter Personen«, Bonn, 2006.

Bundesamt für Bevölkerungsschutz und Katastrophenhilfe, Robert-Koch-Institut (Hrsg.): »Biologische Gefahren I/II«, 3. Auflage, Bonn, 2007.

Bundesamt für Bevölkerungsschutz und Katastrophenhilfe, Robert-Koch-Institut: »Desinfektion der persönlichen Schutzausrüstung«, Bonn, 2012.

Deutsche Gesetzliche Unfallversicherung e.V. (Hrsg.): »DGUV Regel 112-190. Benutzung von Atemschutzgeräten«, Berlin, 2011.

Deutsche Gesetzliche Unfallversicherung e.V. (Hrsg.): »DGUV Information 205-014. Auswahl von persönlicher Schutzausrüstung für Einsätze bei der Feuerwehr basierend auf einer Gefährdungsbeurteilung«, Berlin, 2016.

ECBC: »Guidelines for Mass Casualty Decontamination during a HAZMAT/Weapons of Mass Destruction Incident«: Vol 1 and 2, Aberdeen Proving Ground, 2013.

Ehrmann, Klaus, Kühar, Andreas, CBRN-Schutz in der Gefahrenabwehr, Stuttgart, 2020.

Entwurf FwDV 500 »Einheiten im ABC-Einsatz« (Stand: 1. Juni 2021), online abrufbar unter: https://www.sfs-w.de/projektgruppe-feuerwehr-dienstvorschriften/zur-oeffentlichen-anhoerung-und-diskussion-freigegebene-entwuerfe.html, letzter Zugriff 19.07.2021.

Feuerwehr Dienstvorschrift 500 (FwDV 500): »Einheiten im ABC-Einsatz«, 2012.

Literaturverzeichnis

Friedrich-Loeffler-Institut: »Empfehlungen zur Desinfektion bei Tierseuchen«, Stand 2019.

Ministerium für Inneres und Kommunales des Landes Nordrhein-Westfalen: »ABC-Schutz-Konzept NRW – Teil 4 »Geräte-Dekontaminationsplatz NRW« (G-Dekon NRW)«, Ausgabe Dezember 2011.

Robert Koch-Institutes: »Dekontamination/Desinfektion in B-Lagen - Praktische Hinweise«, Berlin, 2013.

Ständige Konferenz für Katastrophenvorsorge und Katastrophenschutz: »Curriculum Standardisierte ABC-Grundausbildung«, 2004.

Strahlenschutzkommission: »Fragestellungen zu Aufbau und Betrieb von Notfallstationen«, 2014.

Strahlenschutzkommission: »Rahmenempfehlungen zu Einrichtung und Betrieb von Notfallstationen (RE-NFS)«, 2014.

Strahlenschutzverordnung (StrlSchV) vom 29.11.2018

Vfdb: »Merkblatt MB 10- Hochtoxische C-Gefahrstoffe und C-Kampfstoffe. Erkennung und Erstmaßnahmen C-Kampfstoffe«, 2017.

Vfdb: »Merkblatt MB 10-14 Planungshilfe Dekontamination«, 2018.

Vfdb: »Vfdb-Richtlinie 10/04, Dekontamination bei Einsätzen mit ABC-Gefahren«, 2014.

Literaturverzeichnis

Anhang 1

Die Dekon-Staffel

Bei ABC-Einsätzen ist ab der Gefahrengruppe II ein Dekon-Platz P einzurichten. Dazu wird die durchführende Einheit durch eine Dekon-Staffel verstärkt. Auf der Basis der FwDV 500 hat sich die folgende Aufgabenverteilung in der Dekon-Staffel bewährt.

Der **Staffelführer** legt in Absprache mit dem Einsatzleiter den Ort des Dekon-Platzes fest, führt den Einsatz seiner Staffel und überwacht die Vermeidung einer Kontaminationsverschleppung und die Verpackung und Kennzeichnung von kontaminiertem Material.

Nach Abschluss der Dekontaminationsmaßnahmen veranlasst er die weitere Behandlung von grob dekontaminiertem Gerät und übergibt den Dekon-Platz der Einsatzleitung oder einer von dieser benannten Fachbehörde.

Der **Angriffstrupp** baut, falls noch nicht vorhanden, die Sofort-Dekontamination auf und richtet dann den Dekon-Platz vom »schwarzen« zum »weißen« Bereich ein.

Der A-Truppführer besetzt die Station »Grobreinigung«.

Der A-Truppmann besetzt die Station »Ablegen der PSA« im Schwarzbereich.

Der **Wassertrupp** markiert den Dekon-Platz, kennzeichnet den Weg dorthin und sorgt bei Bedarf für dessen Beleuchtung und das Auffangen von kontaminierten Flüssigkeiten.

Der W-Truppführer besetzt die Station »Einweisung/Abgabe der Ausrüstung«.

Anhang 1

Der W-Truppmann besetzt die Station »Ablegen der PSA« im Weißbereich. Er führt im A-Einsatz aus dem Weißbereich die »Kontaminationskontrolle« durch.

Der **Maschinist** hilft den Trupps bei der Entnahme der Geräte und beim Anlegen der PSA. Er bedient die Aggregate außerhalb des Schwarzbereichs und unterstützt nach Weisung des Staffelführers. Er dokumentiert die Dekontamination.

Steht lediglich ein **Dekon-Trupp** (1/2/**3**) zur Verfügung, ist nur ein eingeschränkter Betrieb des Dekon-Platzes P möglich. Der **Truppführer** leitet den Dekon-Platz und besetzt wechselnd die Stationen »Einweisung« und »Ablegen der Schutzbekleidung« im Weißbereich. Der **Truppmann** besetzt wechselnd die Stationen »Grobreinigung« und «Ablegen der Schutzbekleidung« im Schwarzbereich.

Die Funktionen des **Maschinisten** bleiben unverändert. Er kann im A-Einsatz die »Kontaminationskontrolle« übernehmen.

Anhang 2

Empfohlene Dekontaminationsmittel

Dekon-Mittel	Anwendung	A	B	C
pH-neutrale Seife	Dekontamination der Körperoberfläche	x	x	x
Biologisch abbaubare Tenside	Dekontamination von Gerät	x	x	x
Dinatrium-EDTA	Dekontamination von Gerät	x		
Peressigsäure	Desinfektion der Körperoberfläche, von Geräten und Infrastruktur		x	
Chloramin B	Dekontamination der Körperoberfläche und von Geräten		x	x
Calciumhydroxid	Desinfektion von Infrastruktur, Neutralisation von Flusssäure		x	x
Natriumcarbonat	Neutralisation von Säuren			x
Zitronensäure	Neutralisation von Basen			x
Bremsenreiniger	Lösen hydrophober anhaftender Verschmutzungen			x
Chemikalienbinder	Dekontamination von Verkehrswegen, Infrastruktur und Umwelt			x

Anhang 2

Dekon-Mittel	Anwendung	A	B	C
Ölbindetuch	Dekontamination von Personen und Gerät			x
Polyethylenglycol 400	Dekontamination der Körperoberfläche			x
Sprühkleber	Fixieren staubförmiger Kontaminationen auf der Schutzbekleidung und auf Materialoberflächen	x		x

Andreas Kühar/
Klaus Ehrmann

CBRN-Schutz in der Gefahrenabwehr

2020. 320 Seiten. Kart. € 39,–
ISBN 978-3-17-030975-3
Besondere Gefahrenlagen
Digital-Ausgabe erhältlich in der BRANDSchutz-App und als E-Book.

Immer wieder werden Einsatzkräfte von Feuerwehren, Hilfsorganisationen und der Polizei mit CBRN-Gefahren konfrontiert. Das Buch beschreibt ausführlich mögliche Bedrohungslagen durch chemische, biologische, radiologische und nukleare Gefahren und stellt die organisatorischen und technischen Grundlagen des Schutzes, der Gefahrenfeststellung sowie der Dekontamination dar. Die sich daraus für die Gefahrenabwehr ergebenden Maßnahmen der Vorbereitung, Planung und Durchführung von ABC-Einsätzen werden eingehend behandelt. Informationen zu einer realitätsnahen CBRN-Ausbildung ergänzen den Inhalt.

Leseproben und
weitere Informationen:
www.kohlhammer-feuerwehr.de

Bücher für Wissenschaft und Praxis

Denis Starke

**Einsatzstellen-
hygiene**

*2020. 166 Seiten. Kart. € 17,–
ISBN 978-3-17-035872-0
Die Roten Hefte Nr. 105
Digital-Ausgabe erhältlich in der
BRANDSchutz-App und als E-Book.*

Ruß und Schadstoffe stellen auch nach dem eigentlichen Brandeinsatz auf der Einsatzkleidung und auf der Haut der Einsatzkräfte eine Gefahr dar. Nicht selten wird diese Gefahr jedoch unterschätzt. Nur eine sinnvolle und konsequente Einsatzstellenhygiene kann die Folgen für die Einsatzkräfte, zum Beispiel durch Aufnahme der Giftstoffe in den Organismus, eindämmen und Langzeitfolgen wie bspw. Krebserkrankungen verhindern. Der Autor untersucht aktuelle Hygienekonzepte und beschreibt sinnvolle Maßnahmen, die vor, während und nach jedem Einsatz beachtet werden müssen. Zudem wird das Thema Einsatzstellenhygiene aus einsatztaktischer Sicht betrachtet. Ziel ist es, alle Feuerwehrangehörigen für das Thema zu sensibilisieren, bisherige Verhaltensmuster zu überdenken und zielführende Maßnahmen einzuleiten.

Leseproben und
weitere Informationen:
www.kohlhammer-feuerwehr.de

Jochen Thorns

Kohlenstoffmonoxid

2020. 77 Seiten. Kart. € 16,–
ISBN 978-3-17-032483-1
Digital-Ausgabe erhältlich in der BRANDSchutz-App und als E-Book.

Kohlenstoffmonoxid (CO) ist ein Atemgift, welches bei Bränden mit unzureichender Sauerstoffzufuhr entsteht. Es ist einer der gefährlichsten Bestandteile von Rauchgasen und hauptursächlich für Rauchgastote bei Bränden. Gefährliche Kohlenstoffmonoxidkonzentrationen können aber auch bei defekten Heizungsanlagen, Gasthermen, dem unsachgemäßen Betrieb von Feuerstellen („Grillen in der Wohnung"), in Shisha-Bars oder bei Suiziden mit CO auftreten.

Das Buch stellt die Eigenschaften und die Gefahren von Kohlenstoffmonoxid, die Messtechnik, die medizinischen Aspekte, die Einsatztaktik sowie typische Einsatzbeispiele vor.

Leseproben und
weitere Informationen:
www.kohlhammer-feuerwehr.de

Bücher für Wissenschaft und Praxis